ミクロ原子世界とマクロ宇宙のつながり

鹿児島大学名誉教授
平田好洋

南方新社

はじめに

現世界を制御している重要な力には、原子核内に作用する強い相互作用、荷電粒子間に作用する電磁相互作用、中性子崩壊のような核反応をおこす弱い相互作用及び質量を有する物体間に作用する重力の 4 種類がある。しかしながら、これらの力の相互関係は、完全には理解されていない。これらの関係について知識が深まれば、原子系世界から宇宙サイズの世界へのつながりを理解しやすくなる。それで１つ１つの力について、考察を深め、可能な計算を行った。ニュートン力学の内容を水素に関するシュレーディンガー方程式の解と照らし合わせて理解することに努めた。

その結果、（1）原子系においては、重力＝静電引力（反発）＝遠心力の等号関係が成立すること、（2）重力—静電引力の変換式（質量—電荷の変換式）が誘導できること、（3）静電場ポテンシャルエネルギーを用いたシュレーディンガー方程式によって、ミクロ原子系からマクロな宇宙サイズまでの粒子物性の連続した、一貫性のある動きを提示できること、（4）中性子崩壊現象は、量子力学で解析される電子の全エネルギーと密接に関係していること、が示された。

また、これまで明確にされてこなかった電子の原子核への最接近距離（限界半径）、原子番号の最大値、原子核内および原子核—電子間の重力の引力定数、原子核のサイズ、原子核内の重力加速度、宇宙のサイズ、年令、エネルギー、太陽系惑星の構造などの物性値が予測された。本書の内容は今後の実験や観測の結果と比較が可能であり、本書がこの分野の発展に役立つことを願っている。本書を楽しんでもらえれば、本望である。

目次

第１章 原子からの電子の放出

１－１ 調和振動

質量 m (kg)の粒子がばねで天井からつり下げられている様子を Fig. 1 に示す。

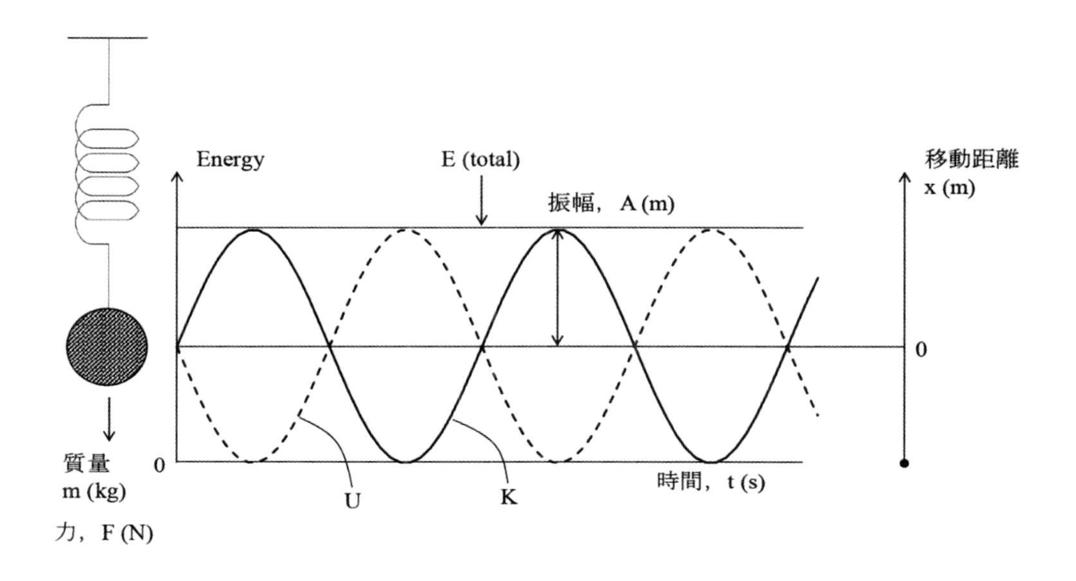

Fig. 1 ニュートン力学における調和振動モデル

バネ定数を k (N/m)とすると、粒子の変位、x (m)とバネをのばす力、F (N)との間には(1-1)式が成立する。

$$F = -kx = -mg = -m\left(\frac{\mathrm{d}v}{\mathrm{d}t}\right) = -m\frac{\mathrm{d}}{\mathrm{d}t}\left(\frac{\mathrm{d}x}{\mathrm{d}t}\right) \tag{1-1}$$

マイナス記号は F が復元力であることを示す。g は重力加速度（m/s^2）、v (m/s)は粒子の移動速度を表している。(1-1)式のニュートン式を解析すると、粒子の変位（x）と時間（t）の関係は(1-2)式で示される。[1)]

$$x = A\sin\left(\sqrt{\frac{k}{m}}t\right) = A\sin(\omega t) = A\sin(2\pi f t) \tag{1-2}$$

A (m)は Fig. 1 の粒子の単振動の振幅で、ω ($= \sqrt{k/m} = 2\pi f = 2\pi v/\lambda$)は角速度（rad /s）で、単振動の周波数 f (1/s)と関係づけられる。また、f は粒子の移動速度 v および Fig. 1 の sine カーブの波長 λ (m)と関係づけられる（f = v/λ)。

移動する粒子の運動エネルギーK (J)とポテンシャルエネルギーU (J)は、(1-2)式よりそれぞれ(1-3)、(1-4)式で示される。

$$K = \frac{1}{2}mv^2 = \frac{1}{2}m\left(\frac{\mathrm{d}x}{\mathrm{d}t}\right)^2 = \frac{1}{2}mA^2\omega^2\cos^2(\omega t) \tag{1-3}$$

$$U = \frac{1}{2}kx^2 = \frac{1}{2}mA^2\omega^2\sin^2(\omega t) \tag{1-4}$$

K と U の和、全エネルギーE (J)は(1-5)式となる。

$$E = K + U = \frac{1}{2}mA^2\omega^2 \tag{1-5}$$

E は、m、ω、A の大きさに依存する。K と U は Fig. 1 に示すように時間及び x 方向に対して正、負の大きさが対称となっている。[2), 3)] 以上が、ニュートン力学で示される調和振動の概略である。

粒子の質量が原子レベルまで小さくなると、Fig. 2 に示す 2 粒子系の調和振動を記述する方程式は、量子力学の(1-6)式となる。[3)]

$$\frac{d^2\varphi}{dx^2} + \frac{2\mu}{h^2}\left(E - \frac{1}{2}kx^2\right)\varphi = 0 \tag{1-6}$$

(1-6)式は時間を含む波動方程式から誘導された位置の関係を示す波動方程式

で、φ は波の高さに相当し、波動関数と呼ばれる。μ は Fig. 2 の 2 つの質量 m_1、m_2 の換算質量と呼ばれる平均質量で、(1-7)式で示される。

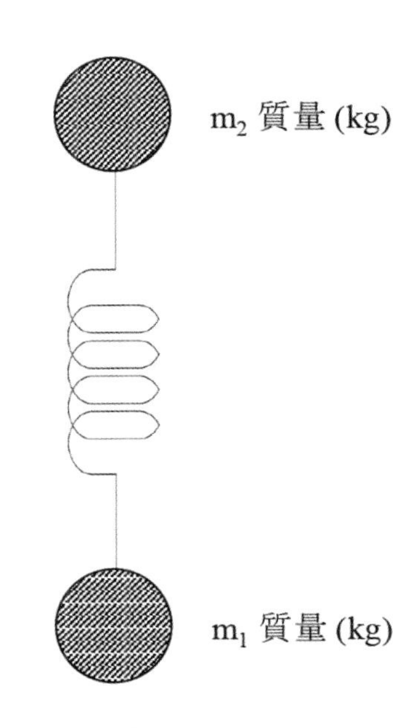

Fig. 2 2 粒子の結合モデル

$$\frac{1}{\mu} = \frac{1}{m_1} + \frac{1}{m_2} \qquad (1\text{-}7)$$

(1-6)式中の h はプランク定数（6.62607 × 10^{-34} J·s）である。一次元の(1-6)式を満たす φ(x)と E の誘導は、文献(3)に詳述されている。必要に応じて、その解を紹介する。(1-6)式を満たす全エネルギーE_nは(1-8)式で示される。

$$E_n(\text{total}) = \left(\frac{h}{2\pi}\right)\left(\frac{k}{\mu}\right)^{1/2}\left(\text{n} + \frac{1}{2}\right) = \left(\frac{h}{2\pi}\right)\omega\left(\text{n} + \frac{1}{2}\right) = hf\left(\text{n} + \frac{1}{2}\right)$$

$$= \frac{1}{2}hf + nhf \qquad (1\text{-}8)$$

n は整数（n = 0、1、2、・・・）で、主量子数と呼ばれる。$\frac{1}{2}hf$は n = 0 に対応するエネルギーで、調和振動の 0 点エネルギーを示す。ニュートン力学で求めた(1-5)式の全エネルギーと量子力学で求めた(1-8)式の全エネルギーを比較する。

粒子の質量とバネ定数が与えられると、エネルギーの大きさはそれぞれ振幅 A と主量子数 n に依存することになる。$m_2 >> m_1$ の条件では、Fig. 2 の m_1 は天井につるした Fig. 1 の状況と等しい。そこで(1-5)式＝(1-8)式とおくと、(1-9)式が与えられる。

$$n + \frac{1}{2} = \frac{\pi}{h} m\omega A^2 = \frac{2\pi^2}{h} mfA^2 \qquad (1\text{-}9)$$

$\left(n + \frac{1}{2}\right)$の値は A^2 に比例することになる。また n = 0 に対する 0 点エネルギーにおいても、ニュートン力学の振幅 A が存在することがわかる。すなわち、絶対 0 度、T = 0 K においても、Fig. 1 の粒子は単振動を行っていることになる。

１－２　自由粒子の動き

Fig. 3 に正の陽子の電場中を回転する負の電子の概念を示す。このようなポテンシャル場において運動する粒子に対する 1 次元の量子力学の方程式（シュレーディンガーの波動方程式）を(1-10)式に示す。

$$\frac{d^2\varphi}{dx^2} + \frac{8\mu\pi^2(E - U)}{h^2}\varphi = 0 \qquad (1\text{-}10)$$

Fig. 3 におけるポテンシャルエネルギーU は、陽子 - 電子間の静電引力（F = −(∂U/∂r)）を距離に関して積分して得られ、後ろの章で議論する。U = 0 J は束縛エネルギーのない状況に対応し、その時の粒子を自由粒子と呼ぶ。長さ L の箱の中に自由粒子を入れたときのエネルギーE は(1-11)式で示される。[4), 5)]

$$E = K = \frac{n^2h^2}{8mL^2} \qquad (n = 1, 2, 3, \cdots) \qquad (1\text{-}11)$$

(1-11)式の E とこれに対応する波動関数 φ を Fig. 4 に示す。E は n^2 に比例して大きくなる。粒子は Fig. 4 に示す波として長さ 0〜L の間を行ったり来たりする。このような波を定常波と呼ぶ。n の増加にともない長さ L 中に入る波の数が増加することがわかる。

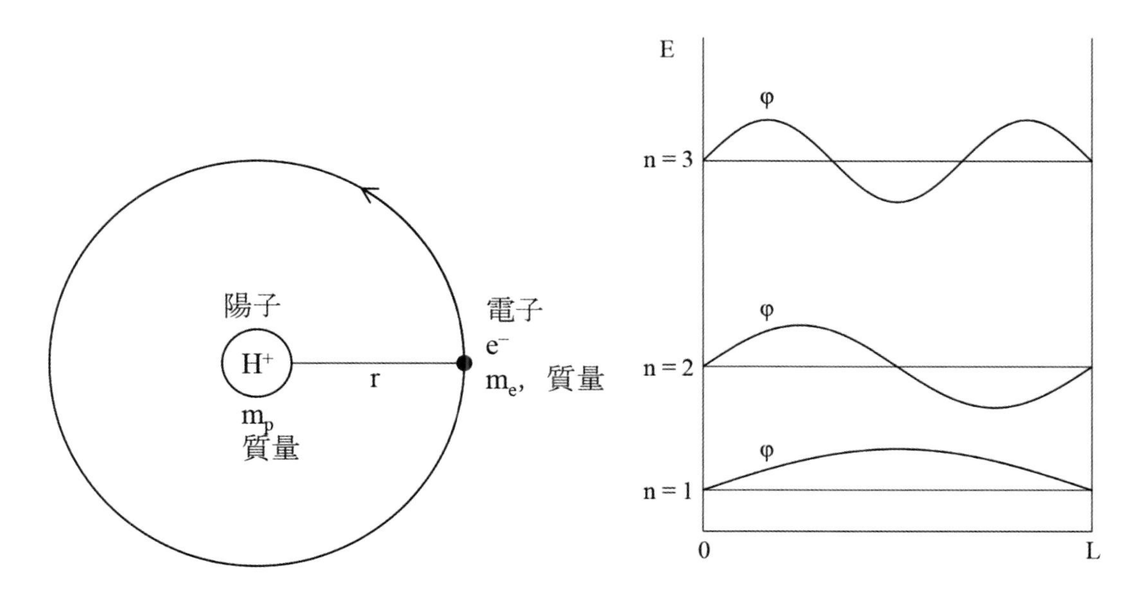

Fig. 3 陽子の電場中を回転する電子のモデル

Fig. 4 長さ L の箱に入れた自由粒子の全エネルギーE と波動関数 ϕ

運動する粒子が光子の場合、そのエネルギー（ΔE）は、アインシュタインにより(1-12)式で示される。[6)]

$$\Delta E = E - E_0 = K = (m - m_0)c^2 = mc^2 = hf \tag{1-12}$$

m は速度 c (2.99792×10^8 m/s)で移動する光子の質量、m_0 は静止している光子の質量（0 kg）で、m と m_0 に対応するエネルギーがそれぞれ E (= mc^2)と E_0 (= m_0c^2)である。f は移動する光子が形成する波の周波数を示す。f の大きな光波は、m の大きい光子と解釈できる。(1-12)式を(1-11)式へ代入すると(1-13)式が得られる。

$$E = K = \frac{hn^2}{8}\left(\frac{c}{L}\right)\frac{1}{f} \tag{1-13}$$

Fig. 4 の自由粒子波は定常波を形成し、(1-14)式が成立する。

$$\frac{L}{\lambda} = \frac{n}{2} = \frac{L}{(c/f)} \tag{1-14}$$

(1-13)、(1-14)式より Fig. 4 の E は(1-15)式で示される。

$$E = K = \frac{1}{2}hf = \frac{1}{2}h(nf_1) \tag{1-15}$$

(1-15)式は調和振動をしている光子の 0 点エネルギー（(1-8)式）と等しい。すなわち、T = 0 K で調和振動している光子は、箱中で動いている自由粒子と見なせる。(1-15)式の f_1 は n = 1 に相当する周波数（基準振動数）であり、Fig. 4 の箱内の各階のエネルギー（0 点エネルギー）は、基準振動数 f_1 の整数倍（n）に対応している。[7)]

(1-10)式を Fig. 3 の 3 次元の静電引力場内で解析した電子の U、K、E の関係は(1-16)式で示される。[4), 8)]

$$E = K + U = -\frac{m}{8}\left(\frac{e^2}{\varepsilon_0 h}\right)^2 \left(\frac{Z}{n}\right)^2 \tag{1-16}$$

(1-16)式中の各記号は次の値を示している。Z：中心陽イオンの原子価、e：電子の電荷（1.60217×10^{-19} C（クーロン））、ε_0：真空の誘電率（8.85418×10^{-12} F/m）F（ファラド）: C（クーロン）/V（電圧）。(1-16)式の $e^2/\varepsilon_0 h$ は速度の単位（m/s）を有しており、0.0437538×10^8 m/s の値である。光速度（$c = 2.99792 \times 10^8$ m/s）で表わすと、0.0145947c となる。この値を v_0 とすると、(1-16)式は(1-17)式となる。

$$E = -\frac{1}{2}mv_0^2\left(\frac{Z}{2n}\right)^2 \tag{1-17}$$

水素の場合（Z = 1）、陽子の回りを光速度の 1%程度の速度で電子は回転している。その速度 $v = v_0Z/2n$ は、中心原子核の原子価が大きくなると、また n の値が小さくなると増加する。量子力学によると原子核と電子の距離は固定されず、その距離に応じた速度を有する。しかし、その全エネルギーは(1-17)式に示した定速度の円軌道を想定したエネルギーで表現できる。これは円軌道の粒子に対して量子論を導入したボーアモデル [9]と(1-10)式に示した厳密なシュレーディンガー波動方程式での全エネルギー（(1-16)式）が一致することと同じ内容を含んでいる。(1-17)式の v が大きくなると、電子の全エネルギー（E）は負の側へ大きくなり、束縛エネルギーによる安定化がすすむことになる。(1-17)式で $n \to \infty$にすると、$E_\infty = 0$ となる。したがって、E_∞と E_n の差、$E_\infty - E_n = \Delta E = |E_n|$ が原子内の電子を原子の外へ運び出すために必要なエネルギーである。この ΔE が次節のアインシュタインによる光電効果と関係する。[9]

１－３　光電効果

Fig. 5 に示す原子中の電子に、周波数 f の光波が衝突し、そのエネルギーを電子へ移したときに(1-18)式が成立する。

$$E(\text{photon}) = hf = \frac{1}{2}mv_0^2\left(\frac{Z}{2n}\right)^2 \tag{1-18}$$

(1-18)式を式変形すると(1-19)式となる。

$$m = \frac{8h}{v_0^2} f \left(\frac{n}{Z}\right)^2 \tag{1-19}$$

$8h/v_0^2$は定数であり、2.76894 × 10^{-46} (kg·s)の値となる。Z 値を固定した(1-19)式を Fig. 6 に示す。

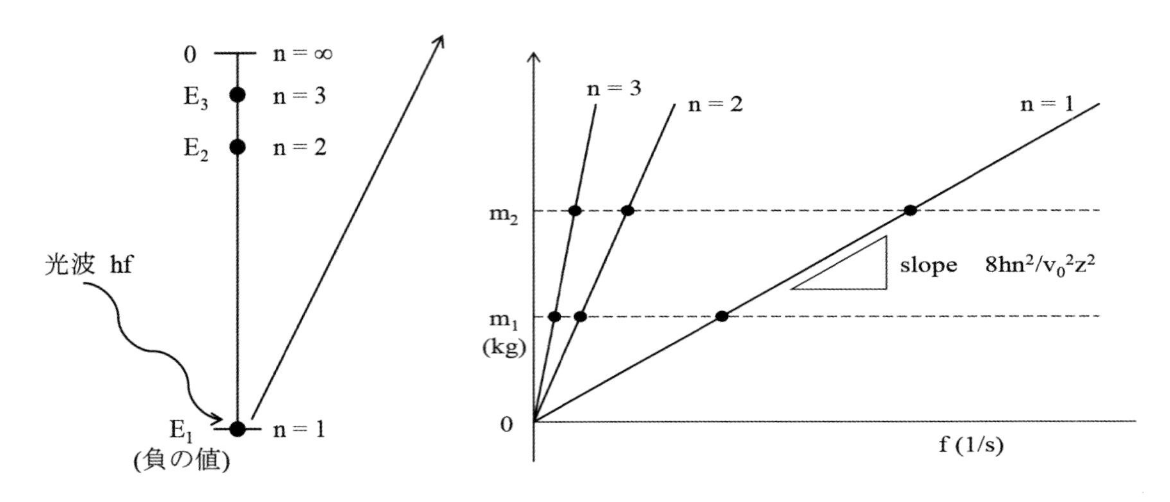

Fig.5 水素型構造の電子の全エネルギー(E)のモデル

Fig. 6 原子からとび出す電子の質量（m）と光の周波数（f）の関係

m を変数と見なすと m は f と直線関係にある。その直線の傾きは、n^2 に比例する。図中の m_1 の値が電子 1 個の質量である。n の大きな電子（高エネルギーの電子）ほど、低周波の光波で原子より飛び出す。n が小さいとその電子の全エネルギーは負の側へ大きく、安定化されている。そのため、高周波の光波が必要となる。図中の m_2 は $2m_1$ に相当し、2 個の電子を放出させることを示す。すなわち、Fig. 6 の縦軸は放出される電子数を示していることになる。m_1 を与える f が、その物質から電子を放出させる最小の周波数（f_c）で、その時のエネルギー hf_c が仕事関数と呼ばれている。光による物質からの電子の生成ととらえることができる。(1-19)式に Z = 1、n = 1 を代入すると、水素原子の最大の f_c は 3.28984 × 10^{15} Hz (1/s)となる。

第２章 原子内の静電引力と重力の関係

Fig. 3 に示される陽子－電子間には、(2-1)式で示される静電引力（F）が働く。

$$F = -\frac{1}{4\pi\varepsilon_0}\frac{Ze\cdot e}{r^2} \qquad (2\text{-}1)$$

r は 2 粒子間距離（m）で、−は引力を意味する。この静電引力を r = ∞～r の範囲で積分すると、(1-10)式に示した電子の束縛エネルギーU となる（F = −(∂U/∂r)）。

$$\int_{U(r=\infty)}^{U(r=r)} dU = U(r) - U(\infty) = U(r) - 0$$

$$= -\int_{\infty}^{r} F dr = \frac{Ze^2}{4\pi\varepsilon_0}\int_{\infty}^{r}\frac{1}{r^2}dr = -\frac{Ze^2}{4\pi\varepsilon_0 r} \qquad (2\text{-}2)$$

陽子からの静電引力を受ける電子（質量 m_e）は、陽子の回りを(1-17)式に示した速度（$v = v_0Z/2n$）で動き、発生する遠心力が静電引力とバランスしていることになる。この関係は(2-3)式に示される。

$$F = \frac{1}{4\pi\varepsilon_0}\frac{Ze^2}{r^2} = \frac{m_e v^2}{r} = m_e g \qquad (2\text{-}3)$$

v^2/r (m/s^2)は円運動の加速度 g に等しい。したがって、静電引力は遠心力に等しく、遠心力は重力の式を静電場中で表記していると解釈される。また、(2-2)式と(2-3)式より次の関係が導かれる。

$$g_e = \frac{v^2}{r} = \frac{1}{4\pi\varepsilon_0 r^2}\frac{Ze^2}{m_e} = 2.53263\times 10^2\,\frac{Z}{r^2} \quad (\mathrm{m/s^2}) \qquad (2\text{-}4)$$

$$\frac{1}{4\pi\varepsilon_0}\frac{Ze^2}{r} = m_e g_e r = U(r) \tag{2-5}$$

静電引力場内での電子の束縛エネルギー（U(r)）は、重力場での電子のポテンシャルエネルギー（$m_e g_e r$）に等しいことがわかる。また、(2-3)式より次式が誘導される。

$$\frac{Ze^2}{4\pi\varepsilon_0} = m_e g_e r^2 = m_e v^2 r \tag{2-6}$$

(2-6)式の関係を(2-3)式に代入すると(2-7)式となる。

$$F = \frac{rv^2 m_e}{r^2} = \left(\frac{rv^2}{m_p}\right)\frac{m_e m_p}{r^2} \tag{2-7}$$

m_p (kg)は Fig. 3 の陽子の質量を示す。(2-7)式の(rv^2/m_p)を G_e とする。(2-4)式を利用して、G_e は(2-8)式で示され、$\left(\frac{\mathrm{m}}{\mathrm{s}}\right)^2\left(\frac{\mathrm{m}}{\mathrm{kg}}\right)$の単位を有している。これは万有引力定数（G, 6.6743 × 10^{-11} $(\mathrm{m/s})^2(\mathrm{m/kg})$）と同じ単位であるが、値は異なる。

$$G_e = \frac{rv^2}{m_p} = \frac{r^2 g_e}{m_p} = \frac{Ze^2}{4\pi\varepsilon_0 m_e m_p} = 1.51417 \times 10^{29} Z \tag{2-8}$$

したがって、静電引力式(2-1)式は万有引力式と同様な重力の式の(2-9)式で表すことができる。

$$F = \frac{Z}{4\pi\varepsilon_0}\frac{e \cdot e}{r^2} = G_e\frac{m_e m_p}{r^2} = m_e\left(G_e\frac{m_p}{r^2}\right) = m_e g_e \tag{2-9}$$

G_e は原子番号 Z の関数であり、Z = 1（水素）における G_e と万有引力定数 G の比は、$G_e/G = (1.51417 \times 10^{29})/(6.67430 \times 10^{-11}) = 2.26866 \times 10^{39}$ となる。陽子と電子の質量を有する粒子間に働く万有引力に比べて、電荷を有することで引力が著しく大きくなることがわかる。

静電引力式が万有引力式と同様に表現できることは、負の電荷−e が電子の質量（m_e）に換算され、正の電荷+e が陽子の質量（m_p）に換算できることを意味する。−1 の電荷の質量が m_e となる。電荷+Ze の陽イオンの質量は Zm_p に換算される。(2-9)式では、陽イオンの原子価は G_e の中に含まれており、(2-9)式は陽子と電子の質量を基準にして表記されている。本内容は、8 章と 10 章でさらに議論される。

第３章 原子核内の力

He より原子番号が大きくなると、原子核内に複数の陽子（P）と中性子（N）が含まれる。これらの粒子を束縛する力を湯川がπ中間子モデルで解析した。N→P、P→N、P→P、N→N への変化において、それぞれ負電荷をもつπ^-、正電荷をもつπ^+、電荷をもたないπ^0、π^0中間子が交換されることで陽子と中性子が原子核内に束縛される。[10]　ここでは、Fig. 7 に示すヘリウムの原子核構造モデルに基づいて原子核内に作用する力を考察する。

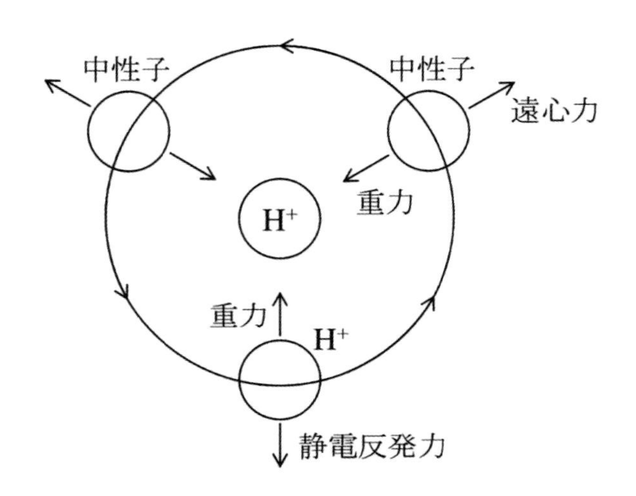

Fig. 7 He 原子核内に作用する力のモデル

ヘリウム原子核には、2 個の陽子と 2 個の中性子が含まれている。Fig. 7 の円の中心に 1 つの陽子を配置する。残りの 1 つの陽子と 2 つの中性子をその円上の 120°ずつ離れた位置に配置する。そして、円上の 3 つの粒子は、回転している。陽子 - 陽子間には静電反発が生じ、それとバランスする形で重力が作用している。陽子 - 中性子間にも重力が作用し、回転する中性子に作用する遠心力がバランスしている。すなわち、Fig. 7 の構造を維持するために、静電反発力＝重力

＝遠心力の関係が成立していると考える。Fig. 7 の円上の陽子と中性子は円上を回転しているが、中心の陽子に対しては一定の距離を有したままである。すなわち、中心陽子に対しては、静止状態となっている。速度 v で並進運動している粒子の質量 m と静止質量 m_0 の間にはアインシュタインにより(3-1)式が提案されている。[6)]

$$m = m_0\left(1 - \frac{v^2}{c^2}\right)^{-\frac{1}{2}} \fallingdotseq m_0\left(1 + \frac{1}{2}\frac{v^2}{c^2}\right) \tag{3-1}$$

c は光速度であり、c >> v のときには、(3-2)式が導かれる。

$$(m - m_0)c^2 \fallingdotseq \frac{1}{2}m_0 v^2 \tag{3-2}$$

Fig. 7 の円上の 3 つの粒子の v は中心陽子に対して 0 m/s であり、$mc^2 = m_0c^2$ が成立する。このエネルギーm_0c^2 (J)は光速度 c で回転している光子のエネルギーと等価である。[6), 7)] すなわち、半径 r の円上の 3 つの粒子は光速度で回転していると解釈できる。そこに発生する遠心力 g_n (m/s^2)は、(2-4)式より(3-3)式で与えられる。

$$g_n = \frac{c^2}{r} \tag{3-3}$$

したがって、陽子 - 中性子（質量 m_n）間に発生する遠心力は(3-4)式で与えられ、重力とバランスしていることになる。

$$F = \frac{m_n c^2}{r} = m_n g_n \tag{3-4}$$

また、陽子 - 陽子間に発生する遠心力は(3-5)式で与えられ、遠心力の加速度 g_p

(m/s^2)は(3-3)式と等しい。

$$F = \frac{m_p c^2}{r} = m_p g_p \qquad (3\text{-}5)$$

陽子 - 陽子間には静電反発力が発生し、遠心力と(3-5)式の重力がバランスしている（(3-6)式）。

$$F = \frac{1}{4\pi\varepsilon_0}\frac{e^2}{r^2} = m_p g_p = m_p \frac{c^2}{r} = m_p \left(G_p \frac{m_p}{r^2}\right) \qquad (3\text{-}6)$$

(3-6)式における G_p は原子核中における引力定数としてとり扱える。静電引力場で定義した G_e (2-8)式と同じ物理的意味を有する。(3-6)式より Fig. 7 の円の半径 r $(= e^2/(4\pi\varepsilon_0 m_p c^2))$は 1.53469×10^{-18} m と求まる。この半径値と(3-3)式より g_n $(= g_p)$は 5.85623×10^{34} m/s^2 となる。また、(3-6)式より G_p $(= c^2 r/m_p)$は 8.24644×10^{25} m^3/s^2kg と与えられる。万有引力定数 G $(= 6.6743 \times 10^{-11}$ $m^3/s^2kg)$と G_p の比は $G_p/G = 1.23555 \times 10^{36}$ と著しく大きな値となる。(3-6)式で定義した陽子に対する原子核引力定数 G_p と(2-8)式で定義した電子に対する静電引力定数 G_e の関係は(3-7)式で与えられる。

$$\frac{G_e}{G_p} = \left(\frac{e^2}{4\pi\varepsilon_0 m_e m_p}\right)\left(\frac{4\pi\varepsilon_0 m_p m_p}{e^2}\right) = \frac{m_p}{m_e} = 1.83615 \times 10^3 \qquad (3\text{-}7)$$

G_e/G_p の比は陽子（m_p）と電子（m_e）の質量比に等しく、1836 の値である。また、(3-3)式と(2-4)式に示した原子核内の静電場内（Z = 1）での重力加速度の比は(3-8)式で与えられる。

$$\frac{g_e}{g_p} = \left(\frac{v^2}{r}\right)\left(\frac{r}{c^2}\right) = \left(\frac{v}{c}\right)^2 = \left(\frac{e^2}{4\pi\varepsilon_0 m_e r}\right)\left(\frac{1}{c}\right)^2 = 2.81794 \times 10^{-15}\frac{1}{r} \qquad (3\text{-}8)$$

g_e/g_p 比は r の関数となるが、$g_p >> g_e$ の関係にあることがわかる。

(3-6)式より、Fig. 7 に示した陽子及び中性子の円運動の半径が 1.53469×10^{-18} m と計算された。文献(11)に電子散乱実験から得られた陽子と中性子の電荷分布が、粒子中心からの距離（10^{-18} m）の関数として示されている。これによると、陽子と中性子はどちらも全電荷の約半分を含む正のコアーをもつ。さらに中心から遠いところには陽子では正、中性子では負の電荷が測定されている。また、中性子の表面付近の外殻部には、陽子と同程度の小さな正電荷が分布している。両粒子の大きさはほとんど変わらず、半径は約 2×10^{-18} m である。大変興味深いのは、(3-6)式で計算した Fig. 7 の円の半径と実測された陽子及び中性子の半径が、ほとんど一致していることである。このことより、Fig. 7 に示した原子核の構造は Fig. 8 のようなサイズ関係になっていると推察される。

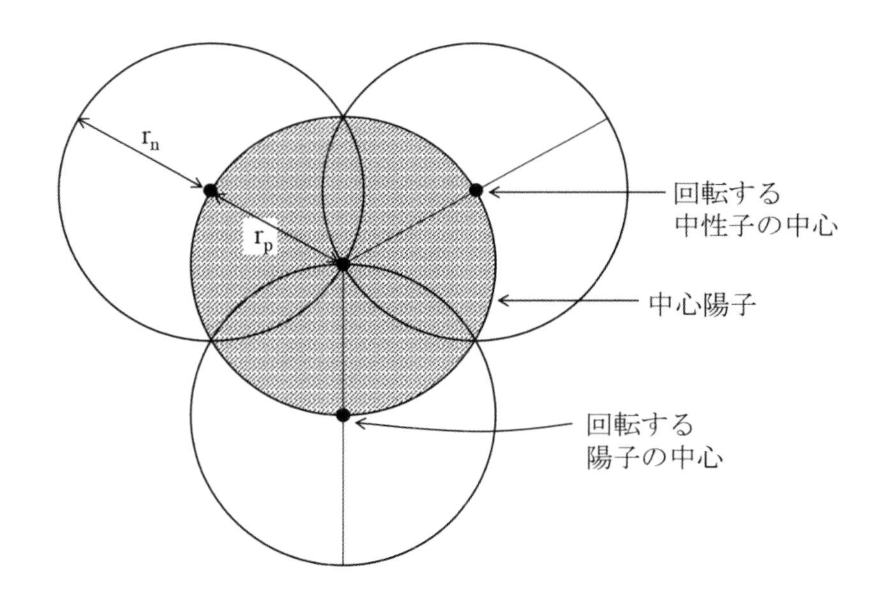

Fig. 8 He 原子核内の陽子と中性子のサイズの関係（$r_p = r_n = 1.53469 \times 10^{-18}$ m）

中心陽子の半径（r_p）上に回転する陽子と中性子の中心が位置している。Fig. 8 の粒子構造の重なりは、化合物が価電子の波動関数の重なりで生じることと類似している。

Fig. 7、8における回転している陽子と中性子の半径（r）、速度（c、光速度）、重力加速度（g）はお互いに等しい。しかし、遠心力（mc^2/r）及びそれとバランスする重力（mg）は、陽子と中性子の質量がわずかに異なるために異なる値となる（陽子質量、$m_p = 1.67262 \times 10^{-27}$ kg、中性子質量、$m_n = 1.67492 \times 10^{-27}$ kg）。(3-9)、(3-10)式に両者の重力の大きさを示す。Fig. 7の円の半径には先に求めたr = 1.53469×10^{-18} mを用いた。

$$F_p = \frac{m_p c^2}{r} = m_p g = 9.79526 \times 10^7 \quad \text{(N)} \qquad (3\text{-}9)$$

$$F_n = \frac{m_n c^2}{r} = m_n g = 9.80876 \times 10^7 \quad \text{(N)} \qquad (3\text{-}10)$$

Fig. 7の原子核モデルでは、2個の中性子と1個の陽子が回転しており、その平均の重力の大きさは(3-11)式で与えられる。

$$F(\text{average}) = \frac{F_p + 2F_n}{3} = 9.80426 \times 10^7 \quad \text{(N)} \qquad (3\text{-}11)$$

重力の大きさは質量（m kg）×加速度（g_n m/s^2）で与えられ、ニュートン力学では、質量1 kgあたりに作用する力が加速度に等しい。原子核中の小さな質量の陽子や中性子に作用する大きな力（3-11式）と同じ力が大気中の1 kgの物体に作用したときの重力加速度は9.80426×10^7 m/s^{2}となる。地球上（約1気圧下）での標準重力加速度は、9.80665 m/s^{2}である。(3-11)式による原子核中での重力加速度は、標準重力加速度のちょうど10^7倍大きいことになる。この大きな重力のために、原子核中に陽子や中性子が閉じ込められていると解釈することができる。

第４章 中性子の崩壊

中性子(n)は原子核中では比較的安定に存在するが、放射性元素($^{228}_{88}Ra$、$^{241}_{91}Pu$、$^{234}_{90}Th$、$^{239}_{92}U$など）の原子核中で陽子（p）に変化し、その際電子線を放出することが知られている（β崩壊)。この反応式を(4-1)式に示す。[11)]

$$n \longrightarrow p + e^- + \bar{\nu} + \Delta H\ (0.783\ \mathrm{MeV}) \tag{4-1}$$

$\bar{\nu}$は反中性微子で電荷をもたない素粒子である。ΔH は熱エネルギーで、1 eV は 96.48533 kJ/mol に対応する。0.783 MeV は 7.55480×10^{10} J/mol のエネルギーである。質量 m_n kg の 1 個の中性子から質量 m_p kg の 1 個の陽子へ変化するとき放出されるエネルギーは、(4-2)式で与えられる。

$$E_n - E_p = \Delta E = (m_n - m_p)c^2 \tag{4-2}$$

c は光速度（2.99792×10^8 m/s）である。1 mol あたりの中性子の分解にともなう ΔE は(4-3)式で与えられる。

$$\Delta E(1\ \mathrm{mol}\ 中性子) = (m_n - m_p)c^2 N_A = 1.24787 \times 10^{11}\ \mathrm{J/mol} \tag{4-3}$$

N_Aはアボガドロ数である（$N_A = 6.02214 \times 10^{23}\ \mathrm{mol}^{-1}$)。したがって、中性子の崩壊にともない、ΔH/ΔE＝0.60541、60%の膨大なエネルギーが熱エネルギーとして放出されることになる。残り 40%のエネルギーがβ線と反中性微子の生成に使われる。電子生成のエネルギーは(1-16)、(1-17)式で与えられる。この値をここでは、E_1 とする。また、反中性微子の生成エネルギーを E_2 とする。両素粒子の生成のエネルギー比、E_2/E_1 を A とする。(4-1)式に対するエネルギー収支は、(4-

4)式で与えられる。

$$\Delta E = \Delta H + E_1 + E_2 = \Delta H + (1 + A)E_1 \qquad (4\text{-}4)$$

(4-4)式から電子 1 個あたりの生成のエネルギーE_1(1 電子)を求め、それが(1-17)式に等しい。

$$E_1(1\ 電子) = \frac{\Delta E - \Delta H}{1 + A} = \frac{m_e}{8} v_0^2 \left(\frac{Z}{n}\right)^2 \qquad (4\text{-}5)$$

(4-5)式より、中性子崩壊をおこす Z/n 値が(4-6)式で与えられる。

$$\frac{Z}{n} = \frac{1}{v_0}\sqrt{\frac{8(\Delta E - \Delta H)}{m_e(1 + A)}} = \frac{193.6717}{\sqrt{1 + A}} \qquad (4\text{-}6)$$

Z/n 比と A の関係を表 1 に示す。

表 1　中性子崩壊をおこす元素の原子番号（Z）と A 比（反中性微子／電子の生成エネルギー比）の関係

A	Z/n	Z	
		n = 1	n = 2
0	193.6717	193.671	387.342
1	136.9465	136.946	273.893
2	111.8164	111.816	223.632
4	86.6126	86.612	173.225
8	64.5572	64.557	129.114
10	58.3942	58.394	116.788
20	42.2626	42.262	84.525
40	30.2464	30.246	60.492
100	19.271	19.271	38.542

反中性微子の生成割合が増えると、原子番号の小さな元素でも中性子崩壊がおこる。β線を出す放射性元素の原子番号は 90 前後である。このことより、n（主量子数）＝1 の電子の場合、A は 4 前後となる。n＝2 の電子の場合には、A は 20 程度の値ということになる。

表 1（4-6 式）及び放射性元素の原子番号を参考に、Z/n 値を決定できる。すなわち、(4-5)式より、中性子崩壊で発生するエネルギー（ΔE）の一部が電子（β線）生成のエネルギーに利用される。Z/n 比が決定されると、原子核の回りを回転する電子の速度（$v = v_0 Z/2n$、(1-17)式及び(4-5)式参照）がわかる。さらに、(2-3)式より円運動の半径 r を、また(2-4)式より円運動の電子の重力加速度 g_e を求めることができる。r 及び g_e がわかると電子の束縛のエネルギーを(2-5)式より計算できる。このように中性子の崩壊現象は静電引力場での電子の動きと密接に関係している。

第５章 重力と量子力学

前章までの議論で、原子核内の力及び原子核と電子の静電引力が陽子や電子の遠心力および重力の式で表現できることを示した((2-3)、(2-9)、(3-6)式を参照)。この章では、これらの関係を整理し、回転している陽子、電子の回転半径（r)、速度（v)、重力加速度（g)、粒子間結合力（F)、粒子の全エネルギー（E）をシュレーディンガーの一電子モデル量子力学により求める。

運動している質量 m_2 粒子の全エネルギー（E）は、ポテンシャルエネルギー（束縛のエネルギー、U）と運動エネルギー（K）の和で与えられる。原子内の電子の K の平均値は$(1/2)m_2v^2$、U の平均値は$-m_2v^2$、E の平均値は$-(1/2)m_2v^2$ で与えられる。[8] 原子核内の回転している陽子、あるいは中性子については、$E = U = -m_2c^2$ となる。回転している粒子の遠心力（F）は m_2v^2/r、加速度 g は v^2/r、引力定数 G は $r\ v^2/m_1= r^2g/m_1$（m_1：固定される中心粒子の質量）で与えられる。原子核についての G は c^2r/m_p（m_p:陽子質量)、静電引力場内での G は $Ze^2/4\pi\varepsilon_0 m_e m_p$（$m_e$：電子質量）で与えられる。$e/m_e$、$Ze/m_p$ はそれぞれ電子と原子核中の陽子 1 kg あたりの相当電荷を示す。回転する粒子の遠心力がその場での重力（F)、m_2g にバランスしている。これらの万有引力、静電引力、原子核内で成立する構成式を表 2 に示す。

Fig. 9 にヘリウム原子の構造モデルと作用する力の関係を、固定した中心陽子からの距離の関数として示す。

表 2 万有引力、静電引力、原子核力を構成する式

	万有引力	静電引力	原子核力
結合力，F	$\frac{Gm_1m_2}{r^2}$	$\frac{Ze^2}{4\pi\varepsilon_0 r^2}$	$\frac{m_2c^2}{r}$
ポテンシャルエネルギー，U	$\frac{Gm_1m_2}{r}$	$\frac{Ze^2}{4\pi\varepsilon_0 r}$ $=\frac{G_e m_e m_p}{r}$ $=m_e g_e r$	m_2c^2
速度の2乗，v^2	$\frac{Gm_1}{r}$	$\frac{Ze^2}{4\pi\varepsilon_0 r m_e}$ $=\frac{G_e m_p}{r}$ $=rg_e$	c^2
重力加速度，g	$\frac{Gm_1}{r^2}$	$\frac{Ze^2}{4\pi\varepsilon_0 m_e r^2}$	$\frac{c^2}{r}$
全エネルギー，$E\left(=\frac{1}{2}mv^2\right)$	$\frac{Gm_1m_2}{2r}$	$\frac{Ze^2}{8\pi\varepsilon_0 r}$ $=\frac{G_e m_e m_p}{2r}$ $=\frac{1}{2}m_e g_e r$	m_2c^2

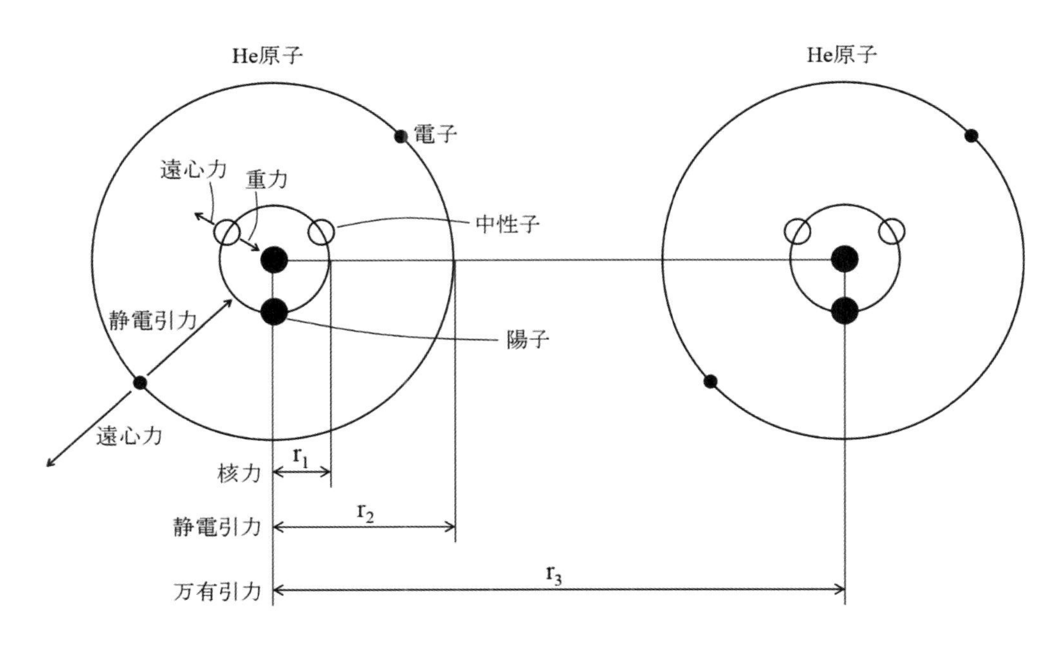

Fig. 9 He 原子の構造モデルとそこに作用する力

これまでのニュートン力学の解析で明らかになったことは、表 2 に示す粒子間結合力は、回転粒子の遠心力と等しく、遠心力は運動粒子の重力とバランスしていることである。このニュートン力学で解析されるポテンシャルエネルギーU ($=-m_2v^2$)を(1-10)式へ代入すると、粒子サイズを原子レベルまで小さくしたときに成立するシュレーディンガーの波動方程式を得ることができる。この方程式を解析することで、微小空間における電子や陽子の動きを厳密に理解することができる。

水素と類似の一電子構造については、静電引力を利用して電子の全エネルギーが、(1-16)、(1-17)式で与えられている。主量子数（n）により電子の速度 v ($=v_0Z/2n$)と E は変化する。この E を表 2 の全エネルギーE と等号で結ぶと、回転する電子の半径 r_2（Fig. 9）が求められる。(5-1)、(5-2)式に r_2 (m)を与える式を示す。

$$E(\mathrm{total}) = -\frac{m_e}{8}\left(\frac{Ze^2}{\varepsilon_0 h}\right)^2\frac{1}{n^2} = -\frac{Ze^2}{8\pi\varepsilon_0 r_2} \tag{5-1}$$

$$r_2 = \left(\frac{e^2}{\pi\varepsilon_0}\right)\left(\frac{1}{m_e v_0^2}\right)\frac{n^2}{Z} = 5.29177\times10^{-11}\left(\frac{n^2}{Z}\right)\quad\left(v_0 = \frac{e^2}{\varepsilon_0 h}\right) \tag{5-2}$$

n の増大、Z の減少にともない回転電子の半径は大きくなる。n と Z に応じた r と v がわかると、表 2 の式を利用して F、U、g、E、G_e などの値を求めることが可能となる。(5-2)式における Z =1、n = 1 に対する $r_2 = 5.29177\times10^{-11}$ m はボーア半径として知られている。

万有引力については、その U は静電引力の U と等価であることを 2 章で示した。静電引力場でのシュレーディンガー方程式は解析されており、その解は万有引力場での解として解釈できる。この解については、後ろの部分でさらに討議する。

第６章 原子核力の量子力学

原子核内の力については、３章で討議したが、回転する陽子と中性子の速度は光速度に等しく、それらの粒子のポテンシャルエネルギーU ($= -mc^2$)は一定値となる。一定値の U に対するシュレーディンガー方程式を解析することは、波動関数を構成する全角度関数と運動エネルギーの関係を解析することと等価である。[8)] 文献(8)にすでに解析結果が示されており、運動エネルギー（K）の大きさは、副量子数 l ($l = 0$、1、・・・(n−1)）と(6-1)式で関係づけられる。

$$K = \frac{1}{2I}\left(\frac{h}{2\pi}\right)^2 \beta = \frac{1}{2I}\left(\frac{h}{2\pi}\right)^2 l(l+1) \quad \left(I = mr^2, \beta = l(l+1)\right) \tag{6-1}$$

Fig. 7 に示す原子核構造モデルは円運動であり、電子の s 軌道（球軌道）に対応する。s 軌道のl値は 0 であり、(6-1)式より K = 0 で、E(全エネルギー) = U = $-mc^2$ となる。この E＝U の関係が成立すると、(1-10)式のシュレーディンガー方程式は$\partial^2\varphi/\partial r^2 = 0$ となる。この解は $\varphi = -k\,r$（k：定数）で力と距離に関するフックの法則と合致する。フックの法則に対する粒子のポテンシャルエネルギーは(6-2)式で表され、これが核力のポテンシャルエネルギーと等しいことになる。

$$U = \frac{1}{2}kr_p^2 = m_p c^2 \tag{6-2}$$

r_p は(3-6)式で求めた原子核の半径（1.53469×10^{-18} m）で、m_p は陽子の質量（1.67262×10^{-27} kg）である。(6-2)式よりバネ定数 k は $2m_pc^2/r_p^2$（1.27650×10^{26} N/m)と計算される。(6-2)式は陽子‐陽子の静電反発エネルギー、$e^2/4\pi\varepsilon_0 r_p$（2-5、

3-6 式参照）に等しい。

原子番号（Z）が増加した場合の Z 個の陽子を含む原子核と 1 電子間の静電ポテンシャルエネルギーは、(2-5)式に示されている。この式を原子核内の Z 個の陽子を含む構造に適用してみる。Fig. 7 の構造を基礎として、原子番号 Z の原子核構造モデルを Fig. 10 に示す。

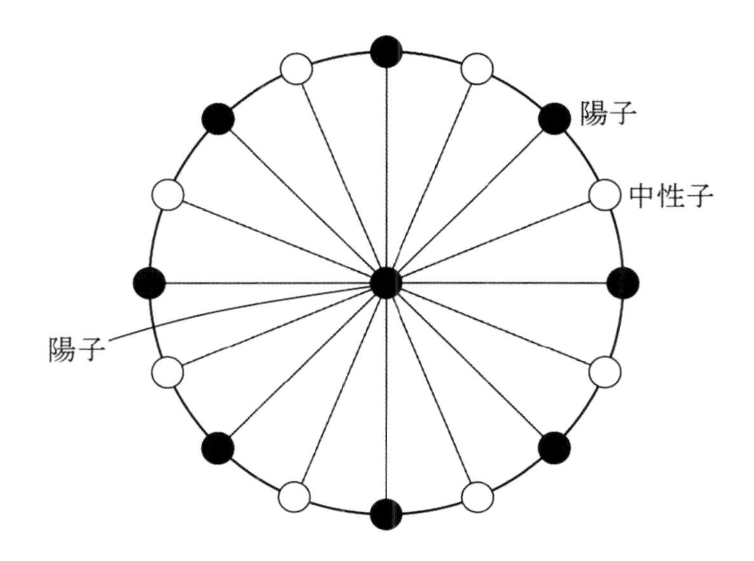

Fig. 10 複数の陽子と中性子を含む原子核の構造モデル

(Z-1)個の陽子と N 個の中性子が、静電反発力を小さくするために同心円上にほぼ交互に配置されている。同心円上の電荷の総数は+(Z-1)で、これらの電荷が 1 つの粒子上に集中している場合の電荷は+(Z-1)である。この+(Z-1)の粒子と中心の陽子との間の静電反発エネルギーは(6-3)式に示される。

$$U_p = \frac{1}{4\pi\varepsilon_0}\frac{(Z-1)e\cdot e}{r_p} = (Z-1)\left(\frac{1}{4\pi\varepsilon_0}\frac{e\cdot e}{r_p}\right) = (Z-1)\left(m_p c^2\right) \qquad (6\text{-}3)$$

見方を変えると、(6-3)式は、Fig. 10 における 1 陽子 - 1 陽子間の静電反発エネルギーを (Z-1) 個含むことを意味し、それが相当する重力のエネルギー（＝遠心力のエネルギー）とバランスしている。原子核内の U_p は原子番号 (Z-1) に比例するが、原子核のサイズ（r_p）は変化しないと推察される。さらに、原子核にはN個の中性子を含む。中心陽子とN個の中性子間のUは、(3-4)式より(6-4)式で与えられる。

$$U_n = NF_n r_p = Nm_n c^2 \tag{6-4}$$

したがって、原子核中のUは$U_p + U_n$ $(= c^2(Z-1)m_p + c^2Nm_n)$で与えられる。

第７章 原子内の粒子の全エネルギー

Fig. 9 の構造モデルに対する He 原子と H 原子内で回転している 1 電子の諸物性値を表 3、4 に示す。

表 3 ヘリウムの原子核内、原子中及び原子間で運動している粒子の物性

	半径 r (m)	速度 v (m/s)	重力加速度 g (m/s^2)	結合力 F (N)	全エネルギー E (J)
	原子核内（1陽子-1陽子）				
	1.53469 $\times 10^{-18}$	2.99792 $\times 10^{8}$	5.85623 $\times 10^{34}$	9.79526 $\times 10^{7}$	1.50327 $\times 10^{-10}$
	原子核（2陽子）-1電子				
限界半径	5.63588 $\times 10^{-15}$	2.99792 $\times 10^{8}$	1.59470 $\times 10^{31}$	14.52675	8.18710 $\times 10^{-14}$
主量子数 n = 1	2.64588 $\times 10^{-11}$	4.37538 $\times 10^{6}$	7.23537 $\times 10^{23}$	6.59097 $\times 10^{-7}$	8.71948 $\times 10^{-18}$
n = 2	1.05835 $\times 10^{-10}$	2.18769 $\times 10^{6}$	4.52210 $\times 10^{22}$	4.11936 $\times 10^{-8}$	2.17987 $\times 10^{-18}$
n = 3	2.38129 $\times 10^{-10}$	1.45846 $\times 10^{6}$	8.93255 $\times 10^{21}$	8.13701 $\times 10^{-9}$	9.68832 $\times 10^{-19}$
	万有引力（He原子-He原子）				
	10^{-12}	6.66037 $\times 10^{-13}$	4.43605 $\times 10^{-13}$	2.94841 $\times 10^{-39}$	1.47207 $\times 10^{-51}$
	10^{-10}	6.66037 $\times 10^{-14}$	4.43605 $\times 10^{-17}$	2.94841 $\times 10^{-43}$	1.47207 $\times 10^{-53}$
	10^{-8}	6.66037 $\times 10^{-15}$	4.43605 $\times 10^{-21}$	2.94841 $\times 10^{-47}$	1.47207 $\times 10^{-55}$

表 4 水素原子内で運動している電子の物性

	半径 r (m)	速度 v (m/s)	重力加速度 g (m/s^2)	結合力 F (N)	全エネルギー E (J)
限界半径	2.81794 ×10^{-15}	2.99792 ×10^{8}	3.18940 ×10^{31}	29.05351	8.18710 ×10^{-14}
			原子核（1陽子）-1電子		
主量子数 n = 1	5.29177 ×10^{-11}	2.18769 ×10^{6}	9.04421 ×10^{22}	8.23872 ×10^{-8}	2.17987 ×10^{-18}
n = 2	2.11670 ×10^{-10}	1.09384 ×10^{6}	5.65263 ×10^{21}	5.14920 ×10^{-9}	5.44698 ×10^{-19}
n = 3	4.76259 ×10^{-10}	7.29230 ×10^{5}	1.11656 ×10^{21}	1.01712 ×10^{-9}	2.42208 ×10^{-19}
n = 10	5.29177 ×10^{-9}	2.18769 ×10^{5}	9.04421 ×10^{18}	8.23872 ×10^{-12}	2.17987 ×10^{-20}
n = 100	5.29177 ×10^{-7}	2.18769 ×10^{4}	9.04421 ×10^{14}	8.23872 ×10^{-16}	2.17987 ×10^{-22}

それらの値は、運動粒子の主量子数 n に対応した値であり、(5-2)式を用いて回転運動の半径に換算できる。Fig. 11 に 1 電子の全エネルギー（E）と回転半径の対数値の関係を示す。

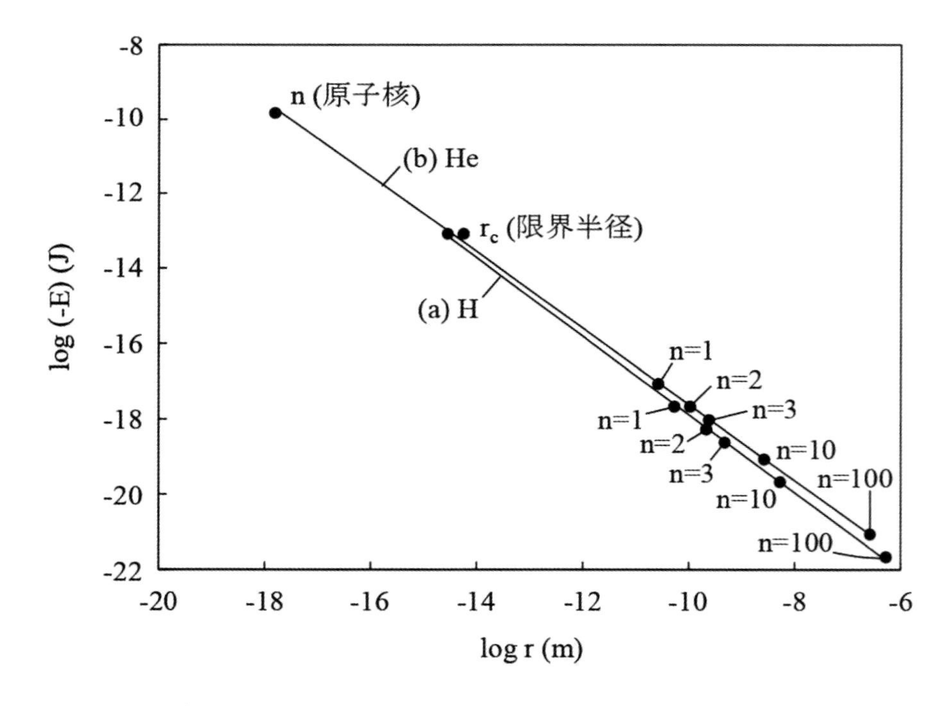

Fig. 11 (a) 水素及び (b) ヘリウム原子内の 1 電子の円運動の半径と全エネルギーの関係

水素の場合、$n = 1 \sim 100$ の電子は、5.29177×10^{-11} m（ボーア半径）から 5.29177 $\times 10^{-7}$ m の空間を回転している。n の増加にともない、回転半径は大きくなる。原子番号 2 の He でも同様の傾向が示され、$n = 1 \sim 100$ の電子は、2.64588×10^{-11} m ~ 2.64588×10^{-7} m の空間を移動している。He では原子核内に 2 個の陽子と 2 個の中性子を含み、原子核内エネルギーは(6-3)式と(6-4)式の和で示される。この 1 陽子 - 1 陽子間の全エネルギーを表 3 と Fig. 11 に示す。全エネルギーは原子核の半径（1.53469×10^{-18} m）に対してプロットしてある。興味深いことは、この原子核の全エネルギーは、シュレーディンガー方程式による He の電子の全エネルギーを結ぶ直線上に位置していることである。すなわち、両粒子はいずれも、静電引力＝遠心力＝重力の等号関係に基づいて全エネルギーを算出しているため、一本の直線上に位置すると考えられる。

He の $n = 1$ にプロットしている電子の回転速度は、4.37538×10^{6} m/s、光速度の 0.014594 倍の大きさである。この速度は、原子核の周辺を $n = 1$ の全エネルギーを有し、様々な速度で異なる半径を回転する電子の平均値を示している。表 3 の値は確率的に最も確からしい速度と半径を示している。その回転している粒子が、平均半径より原子核へ近づくと回転速度が大きくなる。原子核の静電引力がより大きくなり、それに対抗する遠心力を高めるために回転速度が大きくなる。電子の回転速度の最高値は光の速度である。その時の回転半径は(2-3)式の v を光速度 c に置き換えて計算される。電子に光の速度を与えたときの諸物性値を表 3 に示す。静電引力（F）が $n = 1$ の値に比べて著しく大きくなり、原子核中心との距離も 5.63588×10^{-15} m まで小さくなる。これより短い距離に近づくには、電子は光速度以上の速度を得なければならず、あり得ない現象と言える。

He の場合、接近の限界値が 5.63588 × 10^{-15} m である。原子番号 Z が大きくなると、限界接近値は大きくなる。このことは、限界接近値内には、電子は見出せないことを理論的に示している。

表 4 と Fig. 11 には水素についての光速度電子の限界半径値、r_c = 2.81794 × 10^{-15} m を示す。これは n = 1 ~ 100 の相当半径に対する Fig. 11 の直線の延長線上に位置している。H 及び He のこの限界半径値に対する全エネルギーは、いずれも $m_e c^2$ (8.18710 × 10^{-14} J)である。この限界半径値より小さな空間で許される速度は光速度のみである。そこでは存在する陽子と中性子の数に比例する大きなエネルギーが集積されている（(6-3)、(6-4)式）。

表 3 に示されるように、ほぼ等しい半径の場合、He 原子間に発生する万有引力（表 2 中の F 参照）は、原子核 - 電子間の静電引力に比べて著しく小さい。粒子が有する電荷の効果が大きい。この電荷の影響については、8 章及び 10 章で議論する。

第８章 万有引力定数

ニュートン力学によると、質量 m_1 と質量 m_2 の物体間には引力（F）が生じ、その関係式は(8-1)式で示される。

$$F = G\frac{m_1 m_2}{r^2} \tag{8-1}$$

G が万有引力定数で、6.6743×10^{-11} $(m/s)^2(m/kg)$の値が与えられている。一方、重力場で成立する(8-1)式は、(2-9)式で示したように静電引力場の力に変換できる。しかし、水素原子に対応した電場における G_e と(8-1)式の G は一致せず、G_e/G 比は 2.26866×10^{39} と計算された。水素型構造（Z+原子核－1 電子構造）での G_e は(2-8)式で与えられ、(8-2)式に再掲する。

$$G_e = \frac{1}{4\pi\varepsilon_0}\left(\frac{e}{m_e}\right)\left(\frac{Ze}{m_p}\right) \tag{8-2}$$

e/m_e が電子の 1 kg あたりの電荷で 1.75882×10^{11} C/kg、e/m_p が陽子 1 kg の電荷で 9.57883×10^{7} C/kg である。電子に比べて陽子の e/m 値は著しく小さい。万有引力の原因を静電引力に求めてみる。

陽子と同じ質量を有するが、電荷量の異なる粒子を考える。ここでは、J 粒子と呼ぶ。その J 粒子と電子の相互作用の G_e は、(8-2)式となる。(8-2)式が(8-1)式の万有引力定数と等しくなるとき（$G_e = G$）の Z は、4.40788×10^{-40} となる。電子、陽子の $Z = \pm 1$ に比べて大変小さな値である。すなわち、報告されている G は、-1 の電荷を有する軽量の電子と $Z = 4.40788 \times 10^{-40}$ の正の電荷を有する重い

J 粒子（陽子相当）間の弱い静電引力に対応していることになる。この粒子間に作用する重力加速度（g、m/s^2）と重力（F、N）を(8-3)と(8-4)式に示す。

$$g = G\frac{m_p}{r^2} = \frac{v^2}{r} = \left(\frac{Ze^2}{4\pi\varepsilon_0 m_e}\right)\frac{1}{r^2} = 253.26384\ \frac{Z}{r^2}$$
$$= 1.11635 \times 10^{-37}\frac{1}{r^2} \quad (Z{:}\,4.40788 \times 10^{-40}) \tag{8-3}$$

$$F = m_e g = (9.10938 \times 10^{-31})(1.11635 \times 10^{-37})\frac{1}{r^2}$$
$$= 1.01693 \times 10^{-67}\frac{1}{r^2} \tag{8-4}$$

上式中の m_p と m_e は陽子と電子の質量を示している。g も F も著しく小さな値となる。

一方、上述のような J 粒子が原子内に存在するときの電子との距離は、量子論から(5-2)式で与えられる。n = 1 での(5-2)式を(8-5)式に再掲する。

$$r = 5.29177 \times 10^{-11}\frac{1}{Z} = 1.20052 \times 10^{29} \quad (Z{:}\,4.40788 \times 10^{-40}) \tag{8-5}$$

すなわち、万有引力定数に相当する静電引力を有する、電子と仮想正電荷を含む J 粒子（Z = 4.40788×10^{-40}）のシュレーディンガー方程式を満たす、主量子数 1 の円軌道の半径は著しく大きいことになる（r = 1.20052×10^{29} m）。この距離（1.20052×10^{29} m）における電子と仮想正電荷原子核の g と F は、(8-3)と(8-4)式から、それぞれ 7.74572×10^{-96} m/s^2 と 7.05587×10^{-126} N と計算される。非常に小さな値であることがわかる。回転する n = 1 電子の速度は、(8-3)式より v = $\sqrt{rg}$ = 9.64309×10^{-34} m/s と計算される。ほとんど静止している状態に近い。

以上の計算結果が示唆していることは、万有引力定数を用いて計算した重力は、−1 の電荷の電子と 10^{-40} の正電荷原子核（陽子質量をもつ）の間に作用する静電引力に等しい。J 粒子の n = 1 の電子軌道半径は、10^{29} m に及ぶことになる。著しく小さな正電荷をもつ J 粒子に対して、量子力学に基づく軌道のサイズは通常の原子サイズではなく、宇宙サイズの大きさということになる。J 粒子における原子構造は宇宙サイズで考える必要がある。

電荷量の小さな J 粒子を宇宙サイズではなく、通常の原子サイズの空間に入れるためには、大きな重力（あるいは重力加速度）を必要とし、その重力を生み出すためには、粒子は大きく帯電しなければならない。その帯電により、静電引力が発生し、粒子間に大きな重力が発生する。正電荷の大きさが増すと、宇宙サイズの原子軌道が通常の原子レベルのサイズまで小さくなる。しかし、原子レベルでの軌道サイズでは、電子の回転速度が光速度に等しい限界接近距離が生まれる。陽子 - 陽子間にも静電反発力が作用するが、中性子及びそれが変化する陽子が光速度で回転することで遠心力にバランスする大きな重力が発生する。この重力で原子核内に陽子と中性子が束縛される。

以上、述べてきたことは次式の静電引力 F（N）、引力定数 G_e（$(m/s)^2(m/kg)$）及び軌道半径 r（m）に集約される。

$$F = \left(\frac{Zee}{4\pi\varepsilon_0}\right)\frac{1}{r^2} = \left[\frac{1}{4\pi\varepsilon_0}\left(\frac{e}{m_e}\right)\left(\frac{Ze}{m_p}\right)\right]\frac{m_e m_p}{r^2} = G_e\frac{m_e m_p}{r^2} \tag{8-6}$$

$$G_e = \left(\frac{1}{4\pi\varepsilon_0}\right)\left(\frac{e}{m_e}\right)\left(\frac{Ze}{m_p}\right) = 1.51417\times10^{29}Z \tag{8-7}$$

$$r = \left(\frac{e^2}{\pi\varepsilon_0}\right)\left(\frac{1}{m_e v_0^2}\right)\frac{n^2}{Z} = 5.29177 \times 10^{-11}\frac{n^2}{Z} \tag{8-8}$$

$$\left(v_0 = \frac{e^2}{\varepsilon_0 h} = 4.37538 \times 10^6 \ \ \mathrm{m/s}\right)$$

軌道半径（r）は、主量子数 n と陽イオンの原子価 Z で決まる値であり、引力定数 G_e は Z を反映した値である。Z が異なると粒子が運動する世界が異なり、その世界に対応する G が存在することを示す。また、粒子軌道のサイズは Z に支配され、大きい Z では軌道サイズは小さくなる。

Fig. 12 に Z の関数としての G_e、r 及び全エネルギーE（(5-1)式）の概念図を示す。

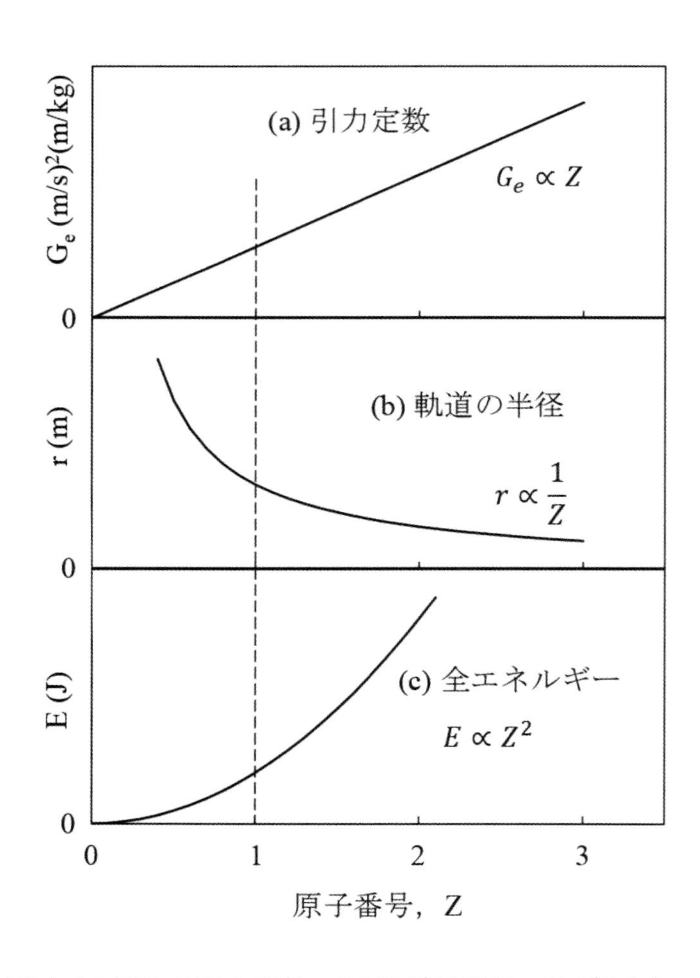

Fig. 12 原子番号と(a)電子の引力定数、(b)軌道の半径、及び(c)全エネルギーの関係

$Z=1$ が H、$Z=2$ が He に相当する。G_e は Z の増加にともない直線的に大きくなる。又、固定される n に対する軌道半径は 1/Z に比例して小さくなる。電子のエネルギーは Z^2 に比例して大きくなる。$Z \geq 1$ 以上の様子が、通常の原子サイズにおけるシュレーディンガー方程式の解に対応している。一方、$0 < Z < 1$ の世界が、帯電量の少ない J 粒子系、すなわち、宇宙サイズの粒子の様子を示している。帯電量が減少すると、それに対する引力定数は小さくなり、粒子の軌道半径は大きくなる。万有引力定数は、$G = 6.6743 \times 10^{-11}$ (m/s)^2(m/kg)で、$Z = 1$ を境にして原子サイズの世界から宇宙サイズの世界へ連続的に大きな変化が生ずる。この連続変化を与えている原因は、シュレーディンガー方程式の Z 値に何らの制限も設けられていないためである。著しく小さな Z 値に対しても、シュレーディンガー方程式の解は存在する。現在のニュートン力学は、シュレーディンガー方程式の $0 < Z < 1$ の世界に対応していることになる。$Z \geq 1$ 以上の原子系では、主量子数 n に加えて、原子番号 Z も含まれる陽子数に応じて量子化されている。$Z=0$ は $Z=1$ より小さい整数である。J 粒子の Z 値は非常に 0 に近い値であり、量子性の名残をとどめている。究極の $Z=0$ では、(8-6)－(8-8)式及び(2-9)式より、$G_e = 0$、$g_e = 0$、$F = 0$、$E = 0$、$r = \infty$ となる。3 章で説明したように、$Z = 0$ として扱われる中性子においても、正と負の電荷が積層された構造をしており、粒子表面は正に帯電している。すなわち、静電的な相互作用が可能である。$Z = 0$ の取扱いには十分な注意を要する。

第９章　空間の大きさ

Fig. 12 に示されるように、電子の特定の主量子数に対応する軌道半径（r）をその粒子が運動できる空間サイズととらえると、r の減少にともない中心の正電荷粒子の帯電量は増加する。これにより引力定数と運動粒子の全エネルギーが増加する。運動できる空間サイズは、限界半径（r_c）以上であることを７章で説明した。r_c は(2-3)式より(9-1)式で与えられ、Z に比例して大きくなる。

$$r_c = \left(\frac{e^2}{4\pi\varepsilon_0 m_e c^2}\right)Z = 2.81794 \times 10^{-15} Z \quad \text{(m)} \qquad (9\text{-}1)$$

一方、主量子数に対応する電子の軌道半径（確率的に最も高い運動の回転半径）は、(8-8)式に示した。両者の関係を Fig. 13 に示す。

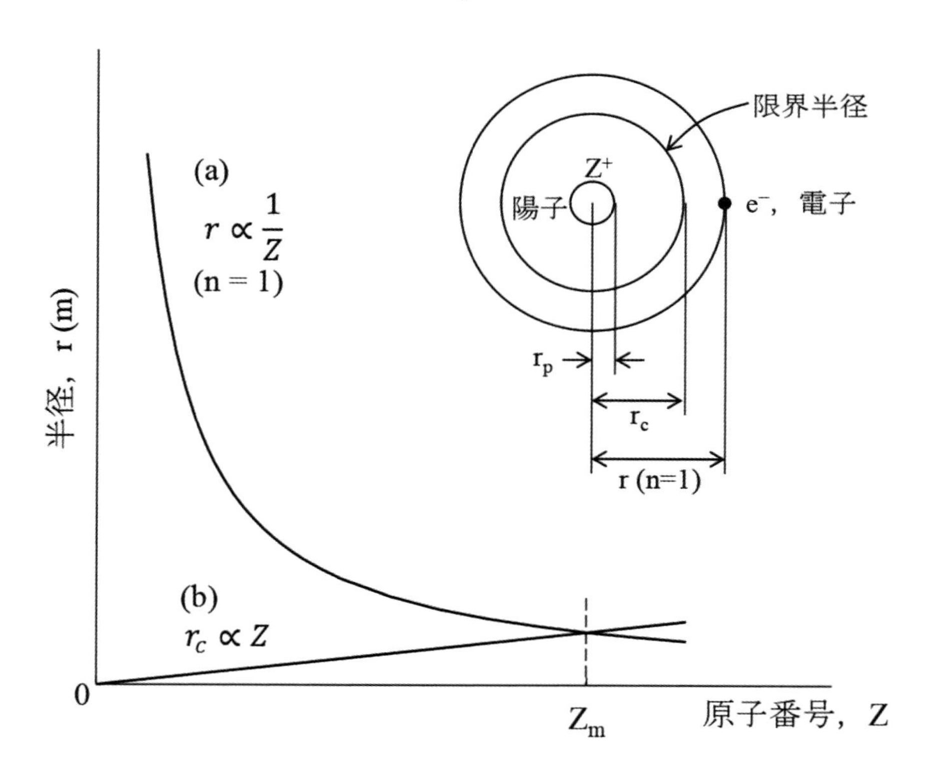

Fig. 13 (a)電子の主量子数 n = 1 の軌道半径と(b)その内側に位置する限界半径の関係

Z の増加にともない、両半径が一致する。そこでは、n = 1 の軌道を回る電子の速度が光速度になることを意味する。この Z 値は、(8-8)式＝(9-1)式とおくことで求められ、Z(maximum) = 137.0360 と計算された。この値は、ゾンマーフェルトによる微細構造定数の逆数と一致している（$\alpha^{-1} = 2h\varepsilon_0 c/e^2 = 137.035999$）。すなわち、原子がこれ以上の原子番号をもつならば、電子は光速度以上の速度で回転しなければならない。したがって、Z = 137 が最大の原子番号ということになる。現在までに、Z = 1－118 の元素が確認されている。興味深いことに、Z = 137 の元素は表 1 に示した中性子崩壊の条件（A = 1、n = 1）を満たしている。したがって、放射性元素である。r_c 値は(9-1)式で求められる。Z = 137.036、4.40788 × 10^{-40}（現宇宙に対応する J 粒子の電荷）及び 0 に対して、それぞれ 3.86159 × 10^{-13} m、1.24211 × 10^{-54} m 及び 0 m となる。r_c より小さい空間内の粒子はすべて光速度で運動していることになる。3 章で提案した原子核内の陽子と中性子の回転速度を光速度としたことと整合性がとれている。この r_c より小さな空間が光のみが存在する世界ということになる。現宇宙に対応する J 粒子の r_c 値は非常に小さく、Z = 0 ではその世界は存在しないことになる。

(9-1)式と前出の電子の全エネルギーの式（5-1 式）より、n=1 における r_c と E の関係は(9-2)式で与えられる。

$$E = 2m_e^3\left(\frac{\pi c^2}{h}\right)^2 r_c^2 = 2.74515 \times 10^{11} r_c^2 \quad \text{(J)} \qquad (9\text{-}2)$$

r_c の 2 乗に比例して電子の E は増加する。

r_c の存在は、電子の動きを理解する上で重要である。Fig. 14 に n = 2 の p 軌道電子の動きを示す。

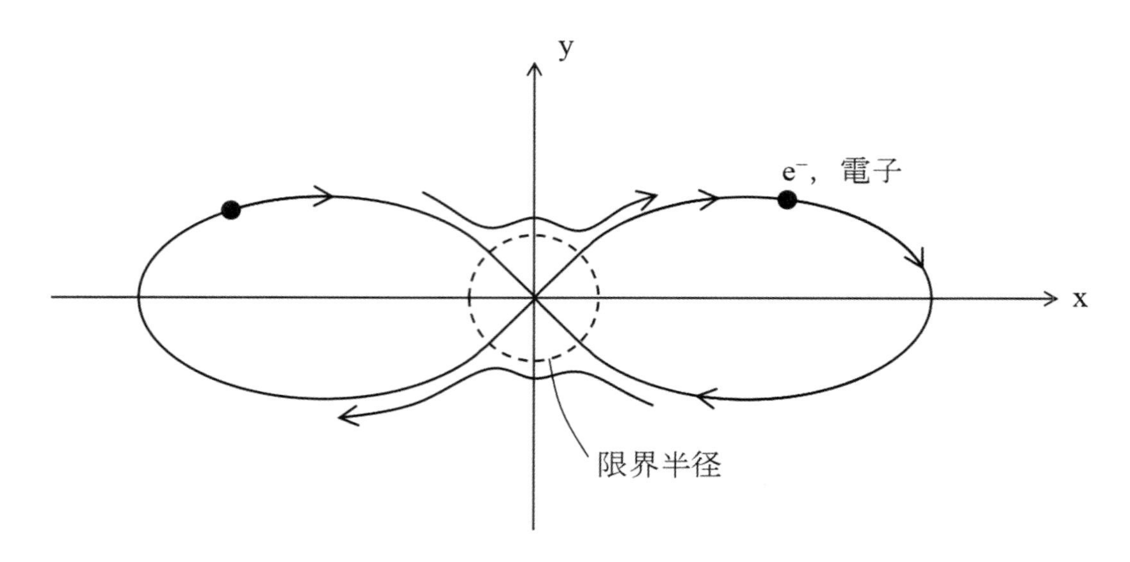

Fig. 14 p 軌道電子の動き

シュレーディンガー方程式の解では、波動関数は原点（原子核）を通る対称形を示す。しかし、原点における電子の存在確率は 0 と計算される。これは、(9-1) 式で計算される限界半径が存在するためである。Fig. 14 の点線で示した Z に対応した限界半径の球内に電子が入ることはなく、その周辺に沿って、右側より左側へ電子は移動することになる。

第 10 章 基本式の関係

これまでの討議で、重力と静電引力はお互いに交換できることを示した。この関係は重要で、本章で改めて整理しておく。原子系での 1 電子静電引力は(10-1)式で重力の式へ変換される。

$$F\,(\mathrm{N}) = \frac{e^2}{4\pi\varepsilon_0}\frac{Z_e Z_p}{r^2} = \left(\frac{e^2}{4\pi\varepsilon_0 m_e m_p}\right)\frac{m_e(Zm_p)}{r^2}$$

$$= G_g\frac{m_e(Zm_p)}{r^2} = 1.51417\times 10^{29}\frac{m_e(Zm_p)}{r^2} \qquad (10\text{-}1)$$

m_e が電子、m_p が陽子の質量であり、電子の原子価（Z_e）は−1 である。Z は原子番号で Zm_p は原子番号 Z の中心正電荷の質量に対応する。中性子の質量を含む通常の原子質量とは異なることに注意を要する。この原子系での重力の引力定数は $G_g = 1.51417 \times 10^{29}$ (m/s)^2(m/kg)と大きな値であり、(2-8)式で定義した G_e の Z = 1 の値に対応している。(10-1)式は Z ≥ 1 の原子系へ適用する場合の重力の式と言える。Z 値は量子化されている。8 章で説明したように、万有引力定数に対応する世界での、陽子質量同等の仮想正電荷粒子（J 粒子）の Z は、4.40788 × 10^{-40} と計算される。この値を(10-1)に代入すると、(10-2)式が得られ、$G_g{\cdot}Z$ の積は万有引力定数の 6.6743 × 10^{-11} (m/s)^2(m/kg)となる。

$$F = (G_g Z)\frac{m_e m_p}{r^2} = 6.6743\times 10^{-11}\frac{m_e m_p}{r^2} \quad (Z{:}\,4.40788\times 10^{-40}) \qquad (10\text{-}2)$$

一方、質量 m_1 と m_2 の重力式は、(10-1)式より誘導される。

$$F = \left(\frac{e^2}{4\pi\varepsilon_0}\right)\left(\frac{Z_1}{m_1}\right)\left(\frac{Z_2}{m_2}\right)\frac{m_1 m_2}{r^2} = G_e \frac{m_1 m_2}{r^2} \tag{10-3}$$

$$G_e = \left(\frac{e^2}{4\pi\varepsilon_0}\right)\left(\frac{Z_1}{m_1}\right)\left(\frac{Z_2}{m_2}\right) = \left(\frac{e^2}{4\pi\varepsilon_0}\right)\left(\frac{Z}{m_p}\right)\left(\frac{1}{m_e}\right) \tag{10-4}$$

中心物体（m_1）が陽イオンに対応し、その回りを運動する物体（m_2）が電子に相当する。物体 1 上の電荷（Z_1）は、陽子と同等の質量の J 粒子の原子価 Z に対応し､Z により G_e も変化する。(10-4)式の G_e が万有引力定数 G に対応するとき、Z は 4.40788×10^{-40} となり、質量と電荷の変換式は、次式で示される。

$$\frac{Z_2}{m_2} = \frac{1}{m_e} = 1.09776 \times 10^{30} \quad (1/\mathrm{kg}) \tag{10-5}$$

$$\frac{Z_1}{m_1} = \frac{4.40788 \times 10^{-40}}{m_p} = 2.63531 \times 10^{-13} \quad (1/\mathrm{kg}) \tag{10-6}$$

静電引力式における正負の電荷の増加は、重力式における 2 物体の質量の増加に対応している。逆の理解も可能である。(10-5)、(10-6)式の質量 - 電荷の変換式を(10-1)式の静電引力の式へ代入すると（$Z_e \rightarrow Z_2$、$Z_p \rightarrow Z_1$ に置き換える）、(10-7)式の重力の式が得られる。

$$F = 6.6743 \times 10^{-11} \frac{m_1 m_2}{r^2} \tag{10-7}$$

また、(10-5)式、(10-6)式で 2 物体の質量から電荷量が求められ、これを(10-3)式へ代入すると、静電引力式（$F = e^2 Z_1 Z_2 / 4\pi\varepsilon_0 r^2$）を得ることができる。

以上のように、重力式は静電引力式へ変換でき、静電場でのポテンシャルエネルギーU = $e^2 Z_1 Z_2 / 4\pi\varepsilon_0 r$ をシュレーディンガー方程式（1 電子系）へ入れると、波動関数 φ と運動体の全エネルギーを求めることができる。これらの解析はすでに文献(3)等に示されている。物体質量が原子レベルまで小さくなると、(10-5)、(10-6)式が成立し、Z_1 は 10^{-40} まで小さくなる。

Fig. 12 で説明したように、原子系→宇宙系への空間サイズの変化は、陽イオンの原子価 Z が減少することで説明される。原子系の主量子数（n）、副量子数（l）、磁気量子数（m）及び量子化されている原子番号に応じて変化する電子の軌道（波動関数）の形状は、宇宙系の物体間にも適用される。物体間の距離は著しく異なる。しかし、万有引力定数の世界に相当する J 粒子では、Fig. 14 及び 9 章で説明した限界半径が、著しく小さくなる。そのため物体間の直接的な衝突が起こり得る。

これまでの解析より、原子核内の陽子 - 陽子及び陽子 - 中性子間の力には、重力 - 遠心力 - 静電反発力の等号関係が、また原子核 - 電子間の力には静電引力 - 重力 - 遠心力の等号関係が成立することがわかった。そして、静電引力場のシュレーディンガー方程式を解析することで、原子系から宇宙サイズの粒子の軌道とエネルギーを求められることがわかった。これらの軌道サイズを支配する要因は、中心粒子（陽イオン）の原子価（Z）である。また、軌道サイズは主量子数 n の増加にともない、制限なく大きくなる。$Z \geq 1$ 以上の世界が原子系であり、Z は量子化されており、Z の最大値は 137 と推定された。$0 < Z < 1$ の世界が宇宙系であり、ここで成立するシュレーディンガー方程式の解は、別途、ニュートン力学として体系化されている。$0 < Z < 1$ では、Z の量子性は必要なく、連続変化が許される。万有引力定数を与える現宇宙に対応する J 粒子の Z 値は、約 10^{-40} と非常に小さく、限りなく 0 に近い。このことは原子系の Z の量子性と限りなく一致している。J 粒子の n = 1 の電子のエネルギーは(1-17)式より、E =

4.23537×10^{-97} J と計算される。この値は水素の電子エネルギーの 1.94294×10^{-79} 倍である。すなわち、シュレーディンガー方程式が $Z > 0$ 以上の世界を記述する共通の方程式と言える。原子核内の世界ではすべての粒子が光速度で運動しており、前述のような力の関係が成立している。原子核におけるシュレーディンガー方程式は、本稿では副量子数 $l = 0$ の円運動に対応しているとしてとり扱われた。

J 粒子の電荷量（$Z = 4.40788 \times 10^{-40}$）は、0 に極めて近い値である。これを、3 及び 8 章で述べた電荷の積層構造を有する中性子の外殻部の電荷と見なすと、J 粒子は、陽子とほとんど変わらない質量をもつ中性子ということになる。すなわち、Fig. 12 の $Z = 0$（原点）は、中性子を意味していることになる。しかし、中性子内の電荷分布のために、中性子が J 粒子として量子力学的に電子と相互作用することになる。この J 粒子は、万有引力定数から変換された現宇宙に対応する粒子である。

この J 粒子、すなわち中性子は 4 章で述べたように原子核外では不安定であり、陽子と電子へ変化する。この反応は、Fig. 12(c)の E (J)のエネルギーが、$Z = 0 \rightarrow Z = 1$ に対応して上昇（放出）することを意味する。同様な Z の上昇は、水素の核融合及び放射性元素の核分裂で生ずる。こうして見ると、Fig. 12(c)の E (J)の上昇は、宇宙の生成、成長に対応していると思われる。E (J)は(1-17)式に示したように、本来、マイナスの値であるが、Fig. 12(c)にはプラスの値で示してある。文献(7)で著者は、重力エネルギーから生成する中性子が、様々な周波数の光が満ちた前宇宙に放出され、それにともなう前宇宙の相転移（ビッグバン）で、現宇宙の創生が始まったことを討議した。そのことと本書の解析結果は合致する。

放出された中性子の陽子、電子、反中性微子、熱エネルギーへの変化がビッグバンの引き金になったと推察される。

第 11 章 粒子変化の物理法則

前章及び 8 章において J 粒子の性質について述べてきた。万有引力定数が成立する世界も J 粒子として、原子系と同様にシュレーディンガー方程式でその特性を表すことが、可能であった。量子力学の記述では、次の位置（Δy）と運動量（Δp_y）は不確定性原理に従う。[4)]

$$\Delta y \Delta p_y \geq \frac{h}{4\pi} \tag{11-1}$$

特定の位置とそれに対応する速度をそれぞれ y_0、v_0 とすると、(11-1)式は(11-2)式として表わせる。

$$\frac{(y-y_0)}{y_0}\frac{m(v-v_0)}{mv_0} = \left(\frac{\Delta y}{y_0}\right)\left(\frac{m\Delta v}{mv_0}\right) \geq \frac{h}{4\pi}\frac{1}{my_0v_0} \tag{11-2}$$

Fig. 15 に $\Delta y/y_0$ と $\Delta p_y/mv_0$ ($= m\Delta v/mv_0$)の関係を示す。

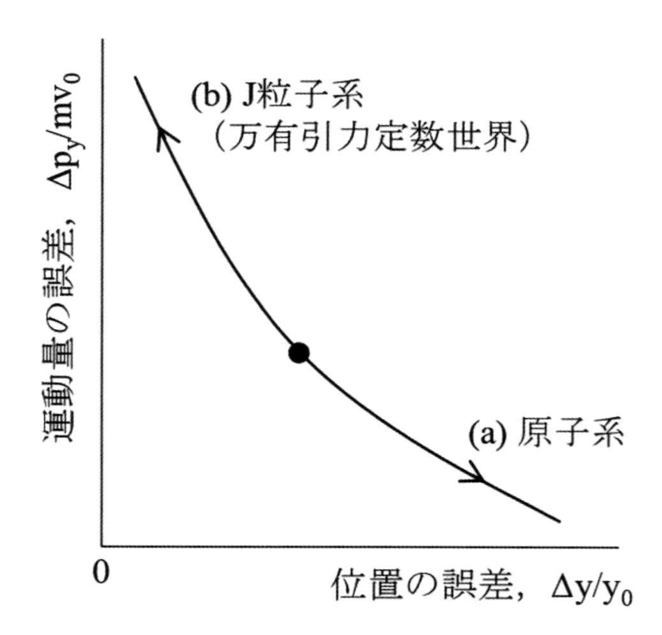

Fig. 15 不確定性原理を表わす位置の誤差と運動量の誤差の関係

原子系での電子の回転速度は早いが、運動量の誤差（速度誤差）は小さく、位置の誤差は大きくなる。そのため、電子の位置の確定は確率的な値となる。一方、J 粒子の電子の回転速度は、8 章に示したが、9.64309×10^{-34} m/s と 0 に近い値である。すなわち、電子は静止しているように見える。この時の回転速度を正確に測定することは難しい。Fig. 15 に示すように、この場合、位置の誤差は極めて小さくなる。すなわち、ニュートン力学の世界を表わすことになる。

ニュートン力学の世界では、(10-1)式に示した重力式が成立する。(10-1)式の Z の増加は、質量の増加、あるいは $G_g Z$ で示される重力引力定数の増加を意味する。この $G_g Z$ は静電引力場で表示した(2-8)式の G_e に等しい。Z の増加に伴う重力の増加は、Fig. 12 の電子の全エネルギー（E）の増加として表現される。Z = 0 は原子番号 0 のことであり、陽子と電子を含まない粒子系を意味する。Z = 0 の粒子は中性であり、Z = 0 に対する E は 0 となる。しかし、文献(11)によれば、中性子は Fig. 16(a)に示す大きさと電荷分布を有する。トータルの電荷量は 0 であるが、Fig. 16(a)の電荷の積層分布構造が認められ、この構造に由来する荷電粒子が、J 粒子として振る舞う。中性子（J 粒子）の分解にともない、Z = 0 のトータル電荷が+1 の陽子と−1 の電子に分かれる。両者の質量には、1836 倍の差がある。両粒子が再び相互作用をおこすと水素原子が生成することになる。その後は水素の核融合により He 以上の元素が生成する。Fig. 16(b)に示される陽子の正電荷分布は、文献(11)では均一ではなく、特定の位置にピークを有している。その半径の比は主量子数の 2 乗の比（1 : 4 : 9）に近いように見える。電荷の分布は量子化されていると推察される。

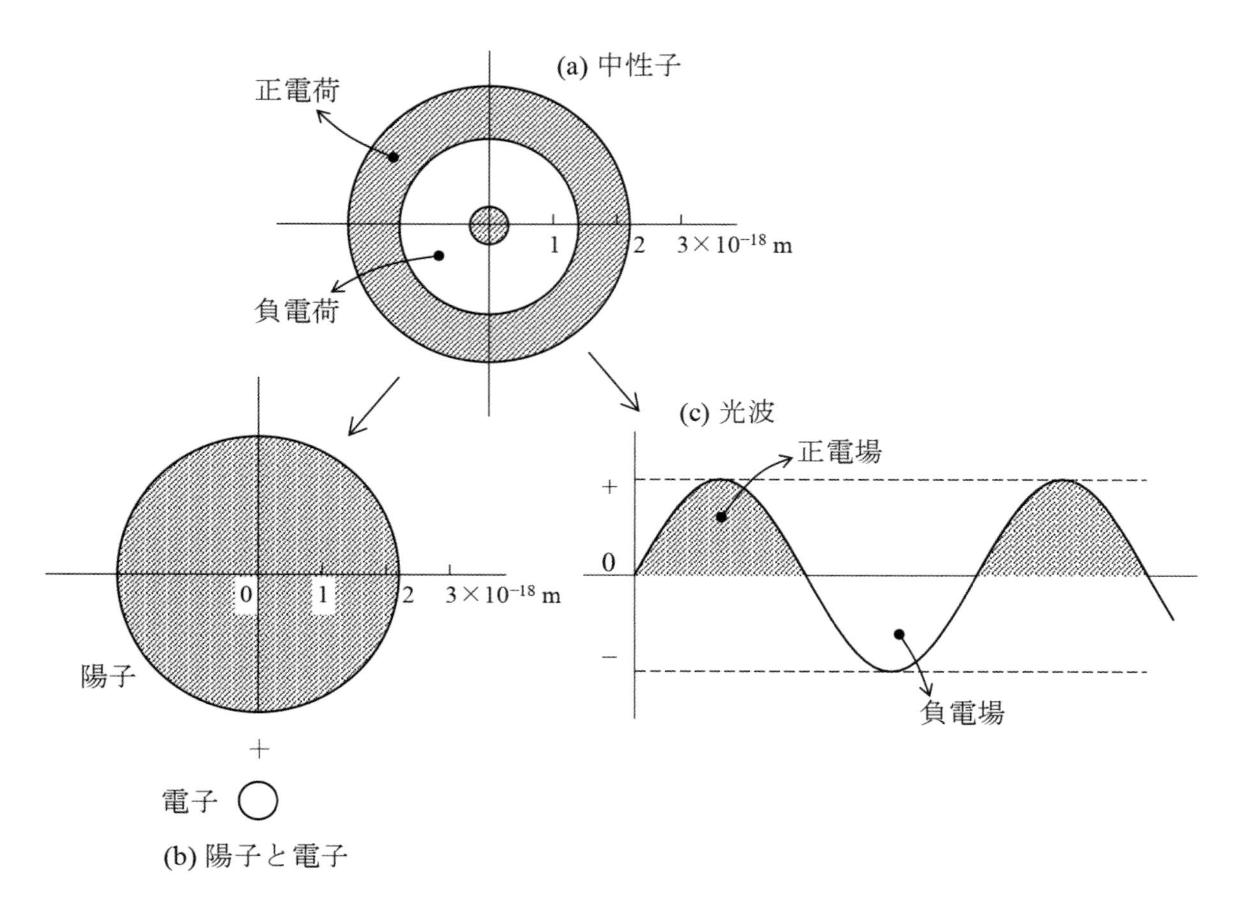

Fig. 16 (a)中性子中の電荷分布の概略（文献(11)）とこれから生成する(b)陽子と電子、及び(c)光波の関係

一方、Z＝0 の中性子と同様にそのトータル電荷（＝0）を保持したまま運動質量が小さくなった粒子が光子ということになる。光子については、アインシュタインにより、運動粒子の質量（m）と光波としての周波数に対して(11-3)式が成立する。

$$E = mc^2 = hf \qquad (11\text{-}3)$$

粒子としての光子の質量が周波数 f の波に変換される。変換係数が h/c^2 である（$m = (h/c^2)f$）。Z＝0 の光波には、+1 と−1 の電荷が、電場の形で含まれる。(11-3)式で f から変換される m は中性子より軽量で、様々な f に対応する Z＝0 の光子系が存在する。著者の文献(7)では、中性子相当周波数より小さな周波数の光波に満たされた世界を前宇宙として論じている。

アインシュタインによる(11-3)式は、(2-5)式に示したポテンシャルエネルギーと結びつけられる。

$$E = mc^2 = mgr = Fr \qquad (11\text{-}4)$$

rは質量mの移動距離、Fは作用する力に相当する。c^2 (m^2/s^2)はgr (m^2/s^2)に等しく、F (N)はmgに等しく、gはc^2/rと表わされる。すなわち、(11-4)式のエネルギーの式はニュートン力学で表現したエネルギーの式と一致する。

万有引力定数Gを反映したJ粒子と相互作用する電子は量子化されており、その回転速度は著しく小さいことを説明した ($v= 9.64309 \times 10^{-34}$ m/s)。太陽系を例として、上のことを考察する。太陽をJ粒子、地球を含めた太陽系惑星をそれぞれ −1 の電荷の電子として取り扱う。J粒子の電荷(Z)と電子の距離 (r) の関係は、(8-8)式で与えられる。指定されるnとZに対して、対応するrが存在する。$r= 10^3$- 10^{30} m に対してZ値は、$5.29177 \times 10^{-14} – 5.29177 \times 10^{-41}$と計算される。Z値は0に近い極めて小さい値である。rの小さい電子（惑星）からJ粒子（太陽）を見ると、その原子価は大きく感じられ、rの大きい電子はJ粒子の原子価を小さく感じる。そして、電子の回転速度は、r とZの両方に依存するが(2-4式)、$Z \geq 1$ 以上の原子系に比べるとJ粒子の速度は著しく小さな値である。上記のrとZの範囲に対しての速度は、$1.15767 \times 10^{-7} – 1.15767 \times 10^{-34}$ m/s と計算される。

Zの大きさは、電子の引力定数($G_g Z=G_e$) に影響を与える。最も0に近いZ値、$Z=4.40788 \times 10^{-40}$が$G_g Z=6.6743 \times 10^{-11}$ $(m/s)^2(m/kg)$（万有引力定数）を与える。

すなわち、異なる r に位置する電子（惑星）からは、J 粒子（太陽）の原子価は１つではなく、その距離に応じて変化することになる。それらの値は、Z=0 の近くに分布している。このことは、J 粒子と電子の間の強い量子性を反映している。そして、トータル電荷 0 の粒子が、Z >0 の J 粒子として振る舞うことは、回転電子に応じた中性粒子内の電荷分布が存在することを意味している。電荷分布の変動に、中性粒子の生を感じる。

一方、(8-8)式より、J 粒子の Z 値が指定されると、電子の軌道半径 (r)は n^2 に比例して大きくなる。太陽系惑星の r の観測値と(8-8)式の関係を比較する。8 個の惑星は太陽の周りをほぼ円軌動に近い状況で回転している。2023 年理科年表（国立天文台編、丸善出版）によると、水星の回転半径 (0.579×10^8 km) が最小で、その他の惑星の水星との半径比は、次の通りである。金星：1.869、地球：2.584、火星：3.936 (n^2=4, n=2)、木星：13.442 (n^2=16, n=4)、土星：24.687 (n^2=25, n=5)、天王星：49.654 (n^2=49, n=7)、海王星：77.796 (n^2=81, n=9)。(8-8)式より r（惑星）/ r（水星）比は n^2 (惑星）/ n^2（水星）比に等しく、水星の n 値を 1 と置くと、上記の（　　）の値が対応する惑星の n 値を示している。金星と地球を除いて、r の観測値は(8-8)式でよく説明される。(8-8)式による陽子質量太陽の原子価は、9.51602×10^{-22} と計算される。金星と地球の水星との半径比の 1/2 乗の和は、1.367＋1.607 = 2.974 であり、3 に極めて近い値である。すなわち、n=3 (n^2=9)の惑星が金星と地球に分裂し(n=1.367 と 1.607)、それぞれが太陽の周りを回転していると考えられる(1.367^2=1.869 ：金星、1.607^2=2.584：地球)。n= 6 と 8 に対応する 2 つの惑星は、観測されていないことも分かる。太陽の Z 値 (9.51602×10^{-22})が万有引力定数の Z 値 (4.40788×10^{-40}) より大きいことは、万有引力定数に対するＪ粒子の歴史(138 億年)に比べて、太陽系惑星の歴史が浅いことに起因していると考えられる。宇宙には種々の歴史の J 粒子が分布していることになる。

また、2023 年理科年表によると、太陽の質量は 1.988×10^{30} kg である。この値を(10-6)式に代入すると、その質量に対応する太陽の原子価 $Z_1=5.23900 \times 10^{17}$ を得る。この値を表 2 の静電引力場での電子の回転速度式に代入する。そのとき、原子核と電子の距離 (r) には太陽と地球の距離、1.496×10^8 km を代入する。得られた電子の回転速度は 29.78140 km/s であり、これは太陽をまわる地球の軌道平均速度、29.78 km/s（2023 年理科年表、国立天文台編、丸善出版）と一致する。すなわち、前述の太陽系惑星の軌道半径比と電子の回転速度の計算値と観測値の一致は、量子力学と質量—電荷の変換式を用いて、宇宙構造を議論できることを示している。

先の金星と地球を除く 6 個の惑星の太陽との距離及び前述の n 値から（8-8）式で求めたＪ粒子としての太陽の Z 値（平均値）は、9.51602×10^{-22} である。この値を(10-6)式の $Z＝4.40788\times 10^{-40}$（万有引力定数に対応）の代わりに用いると、実際の太陽の原子価は $Z_1＝1.13103 \times 10^{36}$ と計算される。一方、太陽を周る惑星の速度は光速度以下であり、(9-1)式より $Z_1 < (3.54869 \times 10^{14})\ r$ の条件を満たす必要がある。太陽—地球間の距離、$r = 1.496 \times 10^8$ km で計算すると、$Z_1 < 5.30884 \times 10^{25}$ の条件を満たす必要がある。(8-8)式の量子力学に基づく $Z_1＝1.13103 \times 10^{36}$ はこの条件値を超えており、ニュートン力学（万有引力定数に対応する静電引力式）に基づく $Z_1=5.23900 \times 10^{17}$ はこの条件を満たしている。すなわち、惑星の回転速度制限条件は、必然として量子力学からニュートン力学（静電引力式）への

移行を要求する。また、金星と地球の存在が先述の n=3 の惑星の分裂によるものであれば、その時点で量子力学による n の整数条件が破れたことになる。しかし、量子力学による J 粒子の $Z= 9.51602 \times 10^{-22}$ と地球に対応する $n^2 = 2.58376$ (n=1.60740)の値を(8-8)式に代入すると、$r = 1.43680 \times 10^8$ km の太陽ー地球間距離が計算される。観測値の 1.496×10^8 km と比較的良い一致を示し、太陽ー地球間距離に量子力学的性質が保たれていることがわかる。同様に金星の $n^2 = 1.86873$ (n=1.36701)を用いた(8-8)式による太陽との距離は、$r = 1.03918 \times 10^8$ km と計算される。理科年表の値、$r = 1.082 \times 10^8$ km と比較的によく一致する。以上のように太陽系惑星の運動には、量子力学とニュートン力学ー静電引力式の混在が認められ、これは物理法則の移行を示していると思われる。

太陽—惑星間の距離が(8-8)式で表され、n^2（惑星）/ n^2（水星） = r（惑星）/ r（水星）を満足する n 値が整数に限定されない正数とすると、8 個の r（惑星）/ r（水星）比から求めた J 粒子太陽の Z 値は、$Z = 9.13950 \times 10^{-22}$ となる。この Z 値を用いて（8-8）式から求めた太陽—惑星間の距離を下記に示す。また、前述の地球例と同様に太陽の質量 (1.988×10^{30} kg) を質量—電荷変換式 (10-6)式に代入し、得られる Z_1 値 (5.23900×10^{17})と(2-4)式から計算される電子の回転速度を以下に示す。

水星：0.57900×10^8 km, 47.87091 km/s (0.579×10^8 km, 47.36 km/s)、

金星：1.08199×10^8 km, 35.01849 km/s (1.082×10^8 km, 35.02 km/s)、

地球：1.49599×10^8 km, 29.78140 km/s (1.496×10^8 km, 29.78 km/s)、

木星：7.78299×10^8 km, 13.05682 km/s (7.783×10^8 km, 13.06 km/s)、

土星：14.29399×10^8 km, 9.63461 km/s (14.294×10^8 km, 9.65 km/s)、

天王星：28.74999×10^8 km, 6.79347 km/s (28.750×10^8 km, 6.81 km/s)、

海王星：45.04399×10^8 km, 5.42740 km/s (45.044×10^8 km, 5.44 km/s)。

(　　)内の値は 2023 年理科年表による太陽—惑星間の距離及び惑星の軌道平均速度である。計算値との非常に良い一致が認められる。これらの計算結果は、太陽—惑星間距離は量子力学による(8-8)式で表され、かつ n 値は整数に限定されない正数を代入してよいことを示している。一方、惑星の回転速度（運動量）は、太陽の質量から変換される Z_1 値（万有引力定数基準）を用いた電子の回転速度で示すことができる（静電引力式、(2-4)式）。すなわち、惑星のもつ距離の関数としてのポテンシャルエネルギーは量子力学に、また速度の関数としての運動エネルギーは静電引力—ニュートン式に従うことを示している。そして、原子系の量子力学では n 値は整数であるが、惑星の運動に関しては、整数に限定されない正数である。粒子サイズ（質量）の増大に伴い(8-8)式における n 値の制限が緩められた形となっている。粒子のポテンシャルエネルギー(U)と運動エネルギー(K)が別々の法則で表現される原因は、前述した様に運動粒子の速度制限（光速度以下）によるものである。

J 粒子（太陽）の周りを回る電子（惑星）の全エネルギーは、(5-1)式で与えられる。$Z = 9.13950 \times 10^{-22}$ の J 粒子における、運動エネルギーに対する Z の変化（$Z_0 = 4.40788 \times 10^{-40}$）は、(11-5)式の関係を与える。

$$E(total) = -\frac{Ze^2}{8\pi\varepsilon_0 r} = -\frac{Ze^2}{4\pi\varepsilon_0 r} + \frac{Z_0 e^2}{8\pi\varepsilon_0 r} + \frac{(Z - Z_0)e^2}{8\pi\varepsilon_0 r} \\ = U + K + E(released) \tag{11-5}$$

E(released)は、J 粒子の原子価の Z から Z_0 への減少に伴い放出される運動エネ

ルギーである。このエネルギーが他の J 粒子生成のエネルギーとして宇宙に保存される可能性がある（エネルギー保存則)。そのエネルギー形態の一例は、(11-3)式で示される光子かもしれない。この点については、12 章で討議する。

これまでの討議で、周期律表における Z=0 は中性元素であり、中性子及び光子を含む中性粒子系である。また、Z の最大値は 137 と計算された。Z=0 の光波には Fig. 16(c)に示したように、正電場と負電場がある。光の原子価(Z)は 0 であるが、光はエネルギーの 1 形態であり、エネルギーは(11-3)式に示したように光の周波数(f)の形で蓄えられる。著者は文献(7)で、種々の周波数の光波及び中性子から成る前宇宙から現宇宙は誕生した可能性を論じた。すなわち、Z=0 の前宇宙から現宇宙は生成したことになり、現宇宙の Z も 0 である。Z=0 の現宇宙は、万有引力定数に相当する Z=4.40788 × 10^{-40} の J 粒子として、量子力学に即した運動をする。これは Fig. 16(b)に示した水素の陽子と電子が量子力学による運動を行い、これの元になった Z=0 の中性子にも$E \neq 0$ のエネルギーが保存される。したがって、現宇宙の Z は 0 であるが、その振る舞いは量子力学に則した J 粒子であり、前宇宙から引き継いだエネルギーを有している。このことは以下のことと合致する。原子系の元素の Z は元素によって異なるが、含まれる全電子とのトータル電荷は、いずれも 0 である。しかし、その原子の中には、量子力学で計算されるエネルギーが含まれている。Z=0 の前宇宙のエネルギーがビッグバンを境にして現宇宙へ引き継がれる。そのエネルギーの一部は、トータル電荷 0 の原子の中に量子力学に即した形で蓄えられる。また、宇宙サイズの物体間の動きも量子力学に即している。しかし、その中心物体の電荷が非常に小さいために、その動きは本書で説明した J 粒子の動きとして表現される。その動きは、Z=0 の粒子を取り扱うニュートン力学として、別途体系化されている。

上述した元素の原子番号は、中性粒子系(Z=0)を含めると Z=0-137 となる。各元素の生成が等分の時間で進行すると、138 t_{01} となる。t_{o1} は任意の基準時間である。Z=0 の元素の生成時間（前宇宙の生成時間）も含まれる。t_{o1} を 1 億年とすると、宇宙の生成時間は 138 億年となる。現在の観測値と一致する。偶然の一致だろうか。

第 12 章 宇宙の歴史、大きさ、エネルギー

著者は文献(7)で、宇宙のサイズ(L_e)と時間(t_0)の関係を論じた。その関係を(12-1)式に示す。

$$L_e = \frac{1}{3}Ct_0 = \alpha_n C t_{01}\left(\frac{L_{e1}}{Ct_{01}}\right)^n$$
$$= \left[\frac{(1/3)}{(1/3)^n}\frac{t_0}{t_{01}}\right]Ct_{01}\left(\frac{1}{3}\right)^n \qquad (t_0 = 3t_{01}\alpha_n(1/3)^n) \tag{12-1}$$

L_{e1} は基準長さ、t_{01} は基準時間、C は光速度、α_nは$[(1/3)t_0/(1/3)^n\, t_{01}]$を示し、n は L_{e1} と Ct_{01} のくり返し回数（次元）を表す整数である。L_e の次元が宇宙の形状を示し、その形状は時間とともに変化すると文献(7)で解釈した。今、t_{01} を 1 億年 (10^8 年=3.1536 × 10^{15} 秒)、L_{e1} をそれに相当する 1/3 億光年とする。時間とともに宇宙の生成・成長が Z=0 → Z=1 → Z=2 と順次進むと解釈すると、Z は(12-1)式の n に対応する。Z の最大値は 137 であり、(12-1)式の n(=Z)に 137 を代入すると、L_e= 4.31744 × 10^{25} m と計算される。この値に相当する J 粒子の原子価(Z)は、(8-5)式から 1.22567× 10^{-36} となる。先の万有引力定数から求めた J 粒子の n=1 の軌道の半径と Z 値は、それぞれ r=1.20052 × 10^{29} m と Z=4.40788 × 10^{-40} である。以上の 2 つの計算結果の関係は、Fig. 12 の Z、r 及び E の関係で説明される。現在の我々の位置するところの Z 値は約 10^{-36} であり、時間とともに Z=4.40788 × 10^{-40} の方向へ近づいている。これは、宇宙サイズの膨張の形で認識される。Z の減少は、また電子のエネルギーで解釈すると、時間とともにエネルギーが減少することになる。

Fig. 12のZとEの関係は、一度、自由粒子となった電子を静電引力（重力）によって陽イオンの回りに束縛するときの全エネルギーを示している。したがって、Z値の減少方向が宇宙の成長方向と理解するならば、Z=137の原子のn=1のサイズが創生された宇宙の初めのサイズに相当する。(8-5)式より、3.86159×10^{-13} mとなる。万有引力定数世界のJ粒子の軌道サイズとの比は、(12-2)式で与えられる。

$$\frac{r(n=1, Z=4.407\times10^{-40})}{r(n=1, Z=137)} = \frac{1.20052\times10^{29}}{3.86159\times10^{-13}} \qquad (12\text{-}2)$$
$$= 3.10888\times10^{41}$$

現宇宙は誕生後、10^{41}倍に著しく、成長しつつある。

一方、宇宙の生成・成長をZ=0 → Z=1 → Z=2の方向と考えると、そのサイズの変化は電子の限界半径（光速度粒子の世界）の比で示される(12-3式)。

$$\frac{r_c(Z=137)}{r_c(Z=4.407\times10^{-40})} = \frac{3.86159\times10^{-13}}{1.24211\times10^{-54}} = 3.10888\times10^{41} \qquad (12\text{-}3)$$

(12-3)式の比は、(12-2)式と同じ値を与える。現宇宙が膨張し、万有引力定数のJ粒子に変化しても、その速度とエネルギーは0にはならない。宇宙は生き続ける。

Fig. 13に基づくFig. 17を用いて、もう少し詳しく宇宙の創生過程を考察する。

宇宙の生成プロセスは、図中のAプロセスと（前宇宙）とBプロセス（現宇宙）に大別される。Z=10^{-40}の粒子はエネルギーを含む中性粒子（J粒子）で、宇宙の始まりを起こす光子である。その半径は1.24211×10^{-54} mである。このJ粒子の世界へ順次、波長の短い光（エネルギー）が供給され、Aプロセスに従いそのサイズ（限界半径）は大きくなる。このJ粒子の世界には、静的質量を有

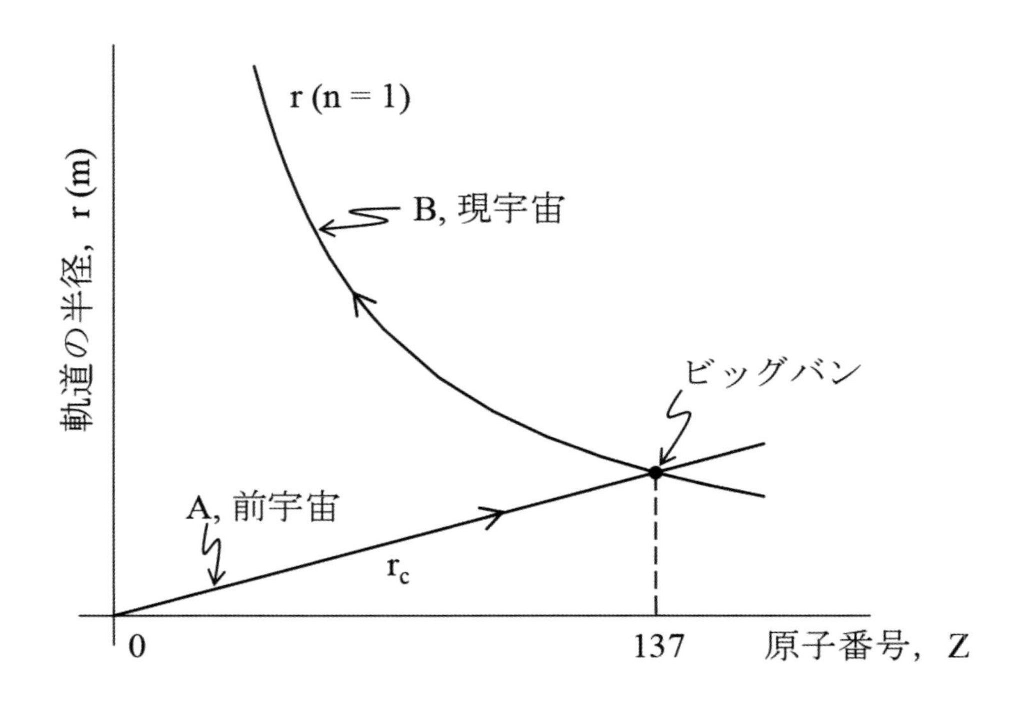

Fig. 17 原子番号と電子の軌道サイズを用いた宇宙の創生過程

する物質は存在しないが、原子の特性を示す原子番号でサイズが表示できる。すなわち、原子番号相当の原子のエネルギーを有する、種々の J 粒子が共存する世界が形成される、と解釈できる。J 粒子のエネルギーは、Z^2 に比例して大きくなり、Fig. 12 の E-Z で囲まれる面積が、種々の波長の光波（J 粒子）を含む前宇宙のエネルギーに対応する。J 粒子世界が Z=137 まで成長すると、前宇宙は不安定となり分解する（ビッグバン）。前宇宙に含まれるエネルギーは、アインシュタインの式により、物質へ変換され、それにより現宇宙が形成される。Z=137 の J 粒子の分解は、前宇宙へ中性子の質量を有する光子が放出されたときにおこると文献(7)で解釈した。すなわち、真空中に放出された中性子は不安定で、陽子、電子、反中性微子、熱エネルギーへ変化する。中性子同等の光子がこのような分解を起こし、質量を有する陽子、電子を生み出す。

前宇宙の分解に伴うエネルギーは、Fig. 17 に示した Z=1-137 の元素の生成へ使われる。すなわち、各元素の原子核の生成エネルギー（重力エネルギー）、及び原子核 - 電子間の静電引力エネルギーに用いられる。これらの原子系のエネルギーと電子の軌道サイズの関係は、量子力学により決定される。Fig. 17 の B プロセスの r がその軌道サイズである。Z の減少に伴い、r は大きくなる。しかし、Z=137-1 の原子系のサイズは、比較的小さい。一方、$Z=4.40788\times10^{-40}$ の宇宙膨張に対応する J 粒子の軌道半径は、$r=1.20052\times10^{29}$ m と大きい。我々は、B プロセスの r の時間変化を宇宙の膨張としてみている。上述の A プロセスのスタートから、B プロセスの $Z=4.40788\times10^{-40}$ の r までの到達には 138 億年を要する。

以上の考察に基づくと、現宇宙のエネルギーは前宇宙のエネルギーに等しく、前宇宙のエネルギーは(5-1)、(6-3)、6-4)式より、次式で与えられる。主量子数 n は 1 としてある。

$$E(world\ of\ atoms)$$
$$=\left[\sum_{Z=1}^{Z=137}(Z-1)m_pC^2+\sum_{Z=1}^{Z=137}N(Z)\,m_nC^2+\sum_{Z=1}^{Z=137}\left(\frac{m_ev_0^2}{8}\right)Z^2\right]+\left[\sum_{Z=Z_0}^{Z<1}O(Z)m(Z)\,C^2+\sum_{Z=Z_0}^{Z<1}O(Z)\left(\frac{m_ev_0^2}{8}\right)Z^2\right] \qquad (12\text{-}4)$$

m_p は陽子の質量、m_e は電子の質量、m_n は中性子の質量、m は光速度で移動する中性粒子の質量、O(Z)は Z 値に対応する中性粒子（J 粒子）の数、v_0 は e^2/ε_0h に等しい速度(4.37578×10^6 m/s)である。 はじめの[　　]は Z=1-137 の原子に対応し、[　　]中の第 1 項と第 2 項の和が原子核生成のエネルギーで、第 3 項が原子核と 1 電子の静電引力エネルギーに対応する。はじめの[　　]の値は、Z=1-

137 の原子に含まれるエネルギーの総和に等しい。後ろの[　　]のエネルギーは、Z= 0 に対応する中性元素（光子+中性子の系）のエネルギーである。この系の Z 値は J 粒子の電荷で、連続した値が許される。その Z 値の範囲は $Z_0<Z<1$ で、Z_0 は万有引力定数に対応する 4.40788×10^{-40} である。(12-4)式の m(Z)は光子の質量で、O(Z)は指定される Z 値に含まれる光子数を意味する。O(Z)mc^2 は原子核に対応する J 粒子の生成エネルギーと見ることができる。[　　]中の第 2 項は、その J 粒子と電子の相互作用エネルギーである。Z=0 に対応する J 粒子は 1 種類ではなく、その Z 値に応じた個数の分布が許されるであろう。これは、光子がボーゼ・アインシュタイン統計[12)]に従うことと合致する。

すなわち、(12-4)式の E(universe of atoms)は、周期律表に示される Z=0-137 の 138 種類の原子に含まれるエネルギーの総和に等しく、有限の値である。(12-4)式のはじめの[　　]の値は計算で求められる。Z=0 に対する J 粒子のエネルギーは、太陽光スペクトル分布の解析のような形で求められるであろう。mc^2 の値は hf に等しく、照射エネルギーと f の関係より O(Z)が求められるであろう。この解析は、プランクによる黒体放射理論と一致する。[7),9)] また、J 粒子の[　　]の第 2 項は Z^2 に比例する値であり、第 1 項に比べると小さな値であろう。

現宇宙には、物質が有するエネルギーに比べてはるかに大きな未知のエネルギーが存在すると言われている。このことを(12-4)式で解釈すると、はじめの[　　]のエネルギーが物質系のエネルギー、2 つめの[　　]のエネルギーが未知のエネルギーに対応する。すなわち、J 粒子（光子系）のエネルギーが未知のエネルギーということになる。おそらく、極端に大きな重力を有する黒体中に閉じ込められている可能性が高い。著者は文献(7)で重力場(g)での光波の進行距離は、

(12-5)式で与えられることを示した。

$$H = \frac{c^2}{g} \tag{12-5}$$

cは光速度である。gの大きい黒体に閉じ込められたJ粒子の移動距離は短く、そのためJ粒子の検出は困難を伴う。このような形で宇宙にエネルギーが保存されていると考えられる。

現宇宙は、Z=4.40788 × 10^{-40}のJ粒子の方向へ向かい、膨張を続けている。宇宙の温度は低下することになる。そのJ粒子に宇宙が到達したとき、宇宙はどの様に変化するであろうか。Z=4.40788 × 10^{-40}の小さな運動量を有するJ粒子としてとどまるのか、あるいは黒体中に閉じ込められている別のJ粒子のエネルギーが解放され、再び現宇宙のエネルギーが増加するのか、の2つの可能性がある。後者の場合、現宇宙が形成されたプロセスと同様な道をたどると、現在の物質を含む宇宙に黒体から解放されたJ粒子のエネルギーが加わった世界が形成される。そして、エネルギーの供給速度により、宇宙の有様は大きく変わることになる。穏やかなエネルギー供給であれば、現宇宙の姿が温存されることになる。急激なエネルギー供給であれば、現宇宙の姿は消えることになる。その代わり、供給されたエネルギーに応じた新たな世界の形成が始まることになる。どのような道をたどるのだろうか。

最後にJ粒子とその周りを回転する電子の電荷の和を、不明瞭ながら討議する。電荷は0に近いが、陽子と同等の質量を有するJ粒子が中性子から生成することをFig. 17で説明した。この時J粒子と対となる電子が同時に生成するのであれば、電気中性の条件を満たさなくなる。このことは、以下の反粒子の生成と大きく関係するであろう。

$$E = 2hf(neutron) = 2c^2m(neutron) = E(n) + E(\bar{n})$$
$$= E(J + e^-) + E(\bar{J} + e^+) \tag{12-6}$$

2個の中性子に相当するエネルギーから、中性子と反中性子$(\bar{n})$が生成する。[11)] 両粒子が $J + e^-$ 粒子と $\bar{J}$ (反J粒子) $+ e^+$（陽電子）粒子へ変化する。(12-6)式で示されるように、反粒子の世界の電荷と合わせると電気中性条件を満足する。このことは、Fig. 17 の -Z と-r の座標軸で囲まれる世界が反粒子の世界を示し、Fig. 17 の A→B のプロセスと同等のプロセスで反宇宙が生成することを意味している。[7)] 宇宙と反宇宙は座標軸が異なるため、お互いに観測することはできない。すなわち、反宇宙には反陽子―陽電子からなる反水素が存在することになる。同様な反原子も生成していることになる。原子と反原子の性質は全く同じである。我々の存在する宇宙と全く同じ性質を有する反宇宙が同時に生成し、その後の両者の相互作用は難しいと思われる。

第 13 章 太陽系惑星の構造

13－1　軌道上の惑星数

10 章及び 11 章の解析で、太陽系惑星の動きは量子力学と静電引力―ニュートン式で表現できることがわかった。太陽系惑星の構造を原子構造と比較すると、以下の特徴が認められる。（1）惑星の軌道はいずれの主量子数(n)に対しても、電子の s 軌道に対応する円軌道である。多電子系の軌道のエネルギーは、1s, 2s, 2p, 3s, 3p, 4s, 3d, 4p, 5s, ・・・の順に高くなる。惑星は主量子数 n の最低エネルギー軌道（s 軌道）を回転している。（2）電子は各軌道にスピンの異なる２つの電子が共存できるが、惑星は各軌道に１つしか見出せていない。また、11 章で述べたように予想される軌道に 1 個の惑星も観測されないこともある。これらの特徴を Fig. 18 の He 原子の構造（$1s^2$ の電子構造）を基に考察する。

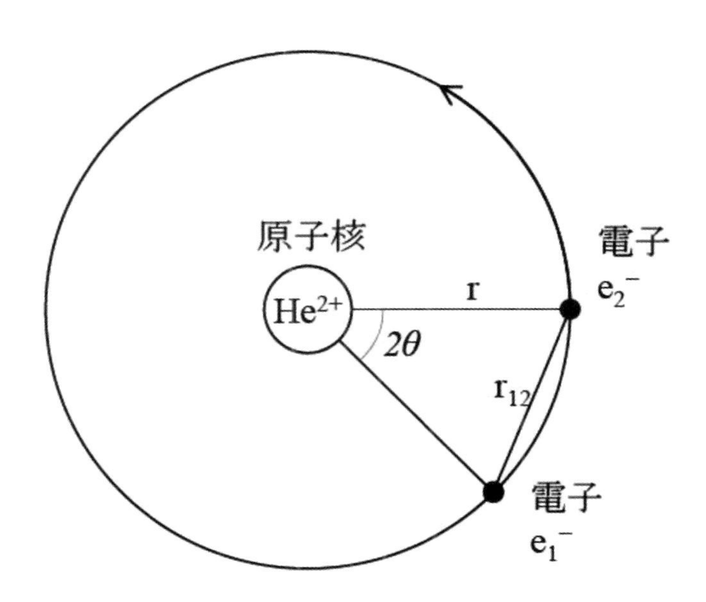

Fig. 18 He 原子中の 2 個の電子の位置関係

Fig. 18 の原子核を太陽、２つの電子を惑星とみなす。He の２つの電子に対するシュレーディンガーの波動方程式は、(13-1) 式で与えられる。[4), 13)] (13-1)式は、極座標 $(r, \theta, \emptyset)$で示した３次元での電子の波動関数φと２個の電子の全エネルギーE の関係を示している。

$$-\frac{h^2}{8m\pi^2}[\nabla_1^2 + \nabla_2^2]\varphi(r_1, r_2) + \left[-\frac{2e^2}{4\pi\varepsilon_0}\frac{1}{r_1} - \frac{2e^2}{4\pi\varepsilon_0}\frac{1}{r_2} + \frac{e^2}{4\pi\varepsilon_0}\frac{1}{r_{12}}\right]\varphi(r_1, r_2) = E\varphi(r_1, r_2) \quad (13\text{-}1)$$

$\nabla_1^2\varphi$は(13-2)式で示される演算を意味する。

$$\nabla_1^2\varphi = \frac{1}{r_1^2}\frac{\partial}{\partial r_1}\left(r_1^2\frac{\partial\varphi}{\partial r_1}\right) + \frac{1}{r_1^2 sin\theta}\frac{\partial}{\partial\theta}\left(sin\theta\frac{\partial\varphi}{\partial\theta}\right) + \frac{1}{r_1^2 sin^2\theta}\frac{\partial^2\varphi}{\partial\phi^2} \quad (13\text{-}2)$$

$\nabla_2^2\varphi$ では電子１の r_1 を電子２の r_2 へ変更する。(13-1)式の２つ目の [ ] は、２個の電子に対するポテンシャルエネルギーU (r_1, r_2)を示している。原子核と電子の静電引力エネルギーと距離 r_{12} における電子１と電子２の静電反発エネルギーの和から成る。(13-1)式を変形すると(13-3)式が得られる。

$$\mathcal{H}(1)\varphi + \mathcal{H}(2)\varphi + \frac{e^2}{4\pi\varepsilon_0}\frac{1}{r_{12}}\varphi = E\varphi \quad (13\text{-}3)$$

$\mathcal{H}(1)\varphi$ は(13-4)式で示される。

$$\mathcal{H}(1)\varphi = \left[-\frac{h^2}{8m\pi^2}\nabla_1^2 - \frac{2e^2}{4\pi\varepsilon_0}\frac{1}{r_1}\right]\varphi \quad (13\text{-}4)$$

(13-4)式は電子１と電子２の相互作用がない場合の１電子系波動方程式の電子１の全エネルギーE_1 とφの積 ($E_1\varphi$)に等しい。$\mathcal{H}(2)\varphi$も同様に電子２の $E_2\varphi$ に等しい。したがって、(13-3)式と(13-4)式より、２つの He 電子のエネルギー(E)

と１電子系のエネルギー($E_1=E_2$)は次の関係を与える。

$$E_1\varphi + E_2\varphi + \frac{e^2}{4\pi\varepsilon_0}\frac{1}{r_{12}}\varphi = E\varphi$$
$$\frac{e^2}{4\pi\varepsilon_0}\frac{1}{r_{12}} = E - (E_1 + E_2) = E - 2E_1 = \Delta E \qquad (13\text{-}5)$$

電子１と電子２の反発エネルギー(ΔE)は、He 原子中の相互作用を有する２電子の全エネルギー(E)と相互作用のない場合の２電子の全エネルギー($2E_1$)の差となる。

He 原子から２個の電子が飛び出すことは、１．２節で考察した自由粒子の生成と同じことである。すなわち、(13-1)式のポテンシャルエネルギー$U = 0$ が電子飛び出しの条件となる。この条件は $r_{12} = r / 4$ の関係を与える。Fig. 18 の r_{12} は軌道半径 r、及び２つの電子のなす角度(2θ)と(13-6)式を与える。この値が $r / 4$ を満たすとき、接近した２個の電子は静電反発エネルギーにより、軌道から飛び出すことになる。

$$r_{12} = 2(r\,sin\theta) = \frac{r}{4} \qquad (13\text{-}6)$$

(13-6)式より、$2\theta = 14.36151°$ が得られる。

１電子系の軌道半径 r は (5-2)式で与えられ、He の場合、この軌道上を２個の電子が回転している ($1s^2$ 軌道)。したがって、電子飛び出しの r_{12} は(13-7)式で示される。

$$r_{12} = \frac{a_0 n^2}{4Z} = \frac{1}{4}(5.29177 \times 10^{-11})\frac{n^2}{Z} = 6.61471 \times 10^{-12}\ (m) \qquad (13\text{-}7)$$
$$(n = 1, \qquad Z = 2)$$

上式中の a_0 はボーア半径 $(5.29177\ \times 10^{-11}\ m)$である。(13-7)式より電子の反発エネルギーΔE は(13-8)式で与えられる。

$$\Delta E = \frac{e^2}{4\pi\varepsilon_0}\frac{1}{r_{12}} = 3.48779\ \times 10^{-17}\ (J) \qquad (13\text{-}8)$$

He 原子核に対する 1 電子の全エネルギー(E_1)は(5-1)式で与えられ、Z=2, n=1 に対する２個の電子の全エネルギーは、$2E_1 = -1.74389\times 10^{-17}$ J　と計算される。すなわち、２電子系 He の全エネルギー(E)は、(13-9)式で与えられる。

$$\begin{aligned} E &= 2E_1 + \Delta E = -1.74389\ \times 10^{-17} + 3.48779 \times 10^{-17} \\ &= 1.74389\ \times 10^{-17}\ (J) \end{aligned} \qquad (13\text{-}9)$$

２電子の全エネルギー(E)はポテンシャルエネルギー(U)と運動エネルギー(K)の和である。今、電子飛び出しの条件では、U = 0 のため E= K > 0 となる。とびだす電子 1 個あたりの E は(13-9)式の値の半分の 8.71948×10^{-18} J となる。この値は改訂版５版化学便覧基礎編 II（日本化学会編、丸善出版、2013 年、p.764）に報告の He 電子の第 2 イオン化エネルギー $8.71840\ \times 10^{-18}$ J とよく一致する。上記の計算結果は、同一軌道上を回転している 2 電子に U = 0 J の条件を与えるΔE の反発エネルギーが外部から供給されると、その 2 個の電子は軌道外へ飛び出すことを示している。１１章の予測軌道上に惑星が認められないことは、上記のような供給エネルギーにより、2 個の惑星が軌道外へ飛び出したためと思われる。この時の惑星の質量の効果については、後述する。

He 原子の電子軌道に 1 個の電子しか見いだせない場合は、以下の条件によるものであろう。(13-1)式のポテンシャルエネルギーU について、(13-10)式が成立する。

$$-\frac{2e^2}{4\pi\varepsilon_0}\frac{1}{r_1}+\frac{e^2}{4\pi\varepsilon_0}\frac{1}{r_{12}}=0 \qquad (13\text{-}10)$$

(13-10)式の条件により、1 個の電子は原子外へ飛び出し、残り 1 個の電子に $-2e^2/4\pi\varepsilon_0 r_2$のポテンシャルエネルギーが作用する。すなわち、He の第 1 イオン化エネルギーを議論することになる。(13-10)式より $r_{12}=r/2$ の関係を得る。(13-6)式より 2 θ = 28.955 °（観測エネルギー対応角度 : 26.359 °）が得られる。

1 電子系原子の軌道半径は(5-2)式で与えられ、反発エネルギー Δ E は(13-11)式で示される。

$$\Delta E=\frac{e^2}{4\pi\varepsilon_0}\frac{1}{r_{12}}=8.71948\times10^{-18}\frac{Z}{n^2}\quad (J) \qquad (13\text{-}11)$$

He 原子から電子 1 個が取り出される状況は、1 個の回転電子により He 原子核(+2)の一部が遮蔽され、残り 1 個の電子が遮蔽されない原子核の静電場から飛び出すと考えられる。すなわち、原子核の+2 の正電荷が -1 の電荷の 2 個の電子に分配されていると解釈することができる。上記の考えに基づくと、(13-11)式の Z 値は水素と同じ Z= 1 となる。したがって、Δ E は n=1 に対して 8.71948×10^{-18} J と計算され、(13-11)式より r_{12} は 2.64588×10^{-11} m と求まる。そして、He 原子中の電子 1 個の全エネルギーは (13-12)式で与えられる。

$$\frac{E}{2}=\frac{1}{2}(2E_1+\Delta E)=E_1+\frac{1}{2}\Delta E \qquad (13\text{-}12)$$

$$=-8.71948\times10^{-18}+4.35974\times10^{-18}=-4.35974\times10^{-18}\ (J)$$

この値 $(-4.35974\times10^{-18}\ J)$ は、化学便覧による He の第 1 イオン化エネルギー、$3.93927\times10^{-18}\ J$ と比較的によく一致する。そして、化学便覧に報告されている第1イオン化エネルギーから(13-5)式で計算されるΔE と r_{12} はそれぞれ、$9.56043 \times 10^{-18}\ J$ と $2.41315 \times 10^{-11}\ m$ と求まる。上記のポテンシャルエネルギーの条件に基づく計算値と良い一致が認められる。したがって、軌道上の2つの惑星間に同様な反発エネルギーが供給され、1個の惑星が軌道外へ飛び出したと推察される。

軌道上の 2 つの惑星の電荷を Ze とすると、惑星間の反発エネルギーは(13-5)式より次のように与えられる。

$$\Delta E = \frac{e^2}{4\pi\varepsilon_0}\frac{Z^2}{r_{12}} \tag{13-13}$$

一方、惑星の質量－電荷の変換式は(10-5)式で与えられる。(10-5)式と(13-13)式より、ΔE は(13-14)式で計算される。

$$\begin{aligned}\Delta E &= \frac{e^2}{4\pi\varepsilon_0}\frac{1}{r_{12}}(1.09776 \times 10^{30} m_2)^2 \\ &= (9.56043\ \times 10^{-18})(1.09776 \times 10^{30} m_2)^2 \\ &= 1.15212\ \times 10^{43}\ m_2^2 \quad (J)\end{aligned} \tag{13-14}$$

$e^2/4\pi\varepsilon_0 r_{12}$ の値は、He の第1イオン化エネルギーの化学便覧値から求めた電子の反発エネルギーである。(13-14)式より軌道を回転する惑星の質量 (m_2)が増大すると、反発エネルギーはその 2 乗に比例して大きくなる。電子間の反発エネルギーが飛び出す電子の運動エネルギーに変換されるとき、その移動速度は(13-15)式で与えられる。

$$\Delta E = \frac{e^2}{4\pi\varepsilon_0}\frac{1}{r_{12}} = \frac{1}{2}m_e v^2$$

$$v = \left(\frac{e^2}{4\pi\varepsilon_0}\frac{2}{r_{12}m_e}\right)^{1/2} = 4.58151\ \times 10^6\ (m/s) \tag{13-15}$$

(13-15)式の飛び出し速度は、(1-17)式に示した Z=2 の 1 電子系原子の電子の回転速度、$4.37538 \times 10^6\ (m/s)$ よりわずかに大きい。惑星の反発エネルギーは質量の増大により著しく大きくなり、飛び出し速度も大きくなる。しかし、飛び出し速度の最大値は光速度 $(c = 2.99792 \times\ 10^8\ m/s)$であり、(13-16)式が導かれる。

$$\Delta E = 1.15212\ \times 10^{43}\ m_2^2 \le m_2 c^2 \tag{13-16}$$

したがって、飛び出す惑星の質量は、$m_2 \le 7.80084 \times 10^{-27}\ kg$ と計算される。

α線は He の原子核の放射線であり、その質量は 2 個の陽子と 2 個の中性子の合計質量に近く、$6.64465 \times 10^{-27}\ kg$ である。したがって、He より大きな質量の惑星 2 個が同一軌道上を回転することは、考えられない。惑星形成初期において、軌道上には 1 個あるいは 0 個の惑星（He 原子核の質量より軽量）が回転していることになる。

13－2　太陽系の電気中性条件

太陽と惑星が、中性子からの陽子と電子の生成と同様な機構で生成したとすると、太陽と惑星の電荷の合計は 0 となる。その場合、電子とみなす惑星の電荷―質量の関係は(10-5)式で示される。一方、太陽の電荷(Z_1)と質量(m_1)の関係は(13-17)式で表される。

$$\frac{Z_1}{m_1} = \frac{1}{m_p} = 5.97863 \times 10^{26}\ (1/kg) \tag{13-17}$$

m_pは陽子の質量 ($1.67262 \times 10^{-27}\ kg$)である。2023 年理科年表（国立天文台編、丸善出版）の太陽系惑星の質量から求めた太陽（質量$1.988 \times 10^{30}\ kg$）と惑星の相対質量と、(10-5)式と(13-17)式から算出される原子価を以下に示す。

太陽：1、Z_1=1.18855×10^{57}

水星：1.6601×10^{-7}、Z_2=3.62294×10^{53}(0.012345 %)

金星：2.4478×10^{-6}、Z_2=5.34199×10^{54}(0.18202 %)

地球：3.0404×10^{-6}、Z_2=6.63526×10^{54}(0.22609 %)

火星：3.2272×10^{-6}、Z_2=7.04292×10^{54}(0.23998 %)

木星：9.5479×10^{-4}、Z_2=2.08370×10^{57}(71.00196 %)

土星：2.8589×10^{-4}、Z_2=6.23916×10^{56}(21.25991 %)

天王星：4.3662×10^{-5}、Z_2=9.52864×10^{55}(3.24687 %)

海王星：5.1514×10^{-5}、Z_2=1.12422×10^{56}(3.83078 %)

8 個の惑星の Z_2 の合計は、2.93470×10^{57} である。この合計に対する各惑星の Z_2 の相対割合を（　　）の中に示す。電子としての惑星の電荷の 99.33953 %は、太陽から遠い木星、土星、天王星、海王星に分布している。特に木星と土星に大きなマイナスの電荷が分布している。太陽から近い水星、金星、地球、火星の電荷の和は、0.66045 %とわずかである。太陽の電荷は、惑星の合計電荷に比べて小さい。太陽系誕生時には、両者の電荷の大きさは等しいと推察される。誕生後、太陽の核融合エネルギーの放出により、次第に太陽の質量が減少することと電荷量は関係している。以上の内容を考察する。

太陽から半径 r の球において、球表面の単位面積当たりの太陽の放射エネルギー (I, J /s m^2)は、(13-18)式で与えられる。

$$I = \frac{Q}{4\pi r^2} \ (J/s\, m^2) \tag{13-18}$$

$Q(J/s)$は太陽から単位時間に放射されるエネルギーである。地球の大気圏外での I は 2023 年理科年表（国立天文台編、丸善出版）によると、$1.361 \times 10^3\, J/sm^2$と報告されている。太陽—地球間の距離 ($1.496 \times 10^{11}\, m$) を(13-18)式へ代入すると$Q = 3.82764 \times 10^{26}\, J/s$ を得る。同様に太陽表面から放射されるエネルギー I (sun) は、2023 年理科年表の太陽の半径 ($r(sun) = 6.957 \times 10^8\, m$)から$6.29328 \times 10^7\, J/sm^2$と計算される。したがって、太陽表面の I (sun) と惑星表面の I の比は(13-19)式で与えられる。

$$\frac{I}{I(sun)} = \left(\frac{Q}{4\pi r^2}\right)\left(\frac{4\pi r(sun)^2}{Q}\right) = \left(\frac{r(sun)}{r}\right)^2 \tag{13-19}$$

また、(13-18)式の I は惑星の単位表面積、単位時間あたりに太陽から飛び込んでくる陽子のエネルギー(m_1c^2) に等しく、その値を(13-17)式を用いて電荷量 Z_1 に変換することができる。この関係を(13-20)式に示す。

$$Z_1 = \frac{I(sun)}{c^2}\left(\frac{r(sun)}{r}\right)^2\left(\frac{1}{m_p}\right) \tag{13-20}$$

太陽—惑星間の距離から求めた I / I (sun) 比及び惑星に飛び込んでくる陽子数 $Z_1(1/sm^2)$ を以下に示す。

太陽：I / I (sun) = 1、Z_1=4.18637×10^{17}

水星：I / I (sun) ＝ 1.44373×10^{-4}、$Z_1 = 6.04400 \times 10^{13}$

金星：I / I (sun) ＝ 4.13418×10^{-5}、$Z_1 = 1.73072 \times 10^{12}$

地球：I / I (sun) = 2.16262×10^{-5} 、$Z_1 = 9.05355 \times 10^{12}$

火星：I / I (sun) ＝ 9.31870×10^{-6}、$Z_1 = 3.90157 \times 10^{12}$

木星：I / I (sun) ＝ 7.99005×10^{-7}、$Z_1 = 3.34493 \times 10^{11}$

土星：I / I (sun) ＝ 2.36884×10^{-7}、$Z_1 = 9.91686 \times 10^{10}$

天王星：I / I (sun) ＝ 5.85555×10^{-8}、$Z_1 = 2.45135 \times 10^{10}$

海王星：I / I (sun) ＝ 2.38544×10^{-8}、$Z_1 = 9.98638 \times 10^{9}$

惑星上のエネルギー流束は、太陽表面のエネルギー流束の 10^{-4}-10^{-8} 倍と非常に小さいことがわかる。エネルギー流束を太陽から放出される光速度の陽子と解釈すると、これを受け取る惑星の Z_1 値は太陽に近い惑星ほど大きくなる。すなわち、負電荷の惑星の電荷は、よりプラスの方へ中和されることになる。しかし、太陽からの陽子を受け取る惑星の数は 8 個であり、太陽から放出される陽子のほとんどは宇宙空間へ光波として放射されることになる。したがって、太陽系誕生時に電荷は太陽と惑星に等しく分割されているが、誕生後、太陽の電荷減少速度が惑星の電荷中和速度よりも著しく大きくなる。

(13-21)式に太陽エネルギーの減少と質量および太陽原子価の関係を示す。

$$\Delta E = [m(po) - m(p)]c^2 = \Delta mc^2 = \frac{(Z_{10} - Z_1)}{k}c^2 = \frac{\Delta Z}{k}c^2 \qquad (13\text{-}21)$$

$m(po)$と$m(p)$はそれぞれ太陽系誕生時と現在の太陽の質量を示し、Z_{10}とZ_1は太陽系誕生時と現在の太陽の原子価を示す。k は(13-17)式で示す質量—電荷変換式の$1/m_p$の値、そして c は光速度($c = 2.99792 \times 10^8\ m/s$)を示す。太陽が燃焼することでエネルギーが放出され、それに対応する電荷(ΔZ)が宇宙へ放出される。放出された電荷と現太陽の電荷の和が、現惑星のマイナス電荷の合計及びこれまでに太陽光で中和されたマイナス電荷の和に等しいことになる。前述の I / I(sun) 比が 10^{-4} 以下であることより、中和されたマイナス電荷はΔZ に比べてわずかであり、これを 0 に近似する。したがって、Z_{10}は惑星の電荷の和(-2.93470×10^{57})と等しい。これらの値を(13-21)式に代入したときのΔE は、$2.62495 \times 10^{47} J$ となる。すなわち、太陽誕生後、これまで放出されたエネルギーということになる。誕生時に太陽が有していたエネルギー(E_0) と放出されたエネルギーの比は、(13-22)式で示される。

$$\frac{\Delta E}{E_0} = \left(\frac{c^2 \Delta Z}{k}\right)\left(\frac{k}{c^2 Z_{10}}\right) = \frac{\Delta Z}{Z_{10}} = 0.59500 \tag{13-22}$$

太陽系誕生後、これまで 59.5 %のエネルギーが放出され、40.5%のエネルギーが残されている。

以上の解析より、太陽系の構造と運動を理解しようとしたとき、J 粒子太陽の Z 値は唯一の値ではないことがわかる。太陽—惑星間の距離は、量子力学による電子の全エネルギーを与える$Z = 9.13950 \times 10^{-22}$ 、惑星の回転運動の速度は静電引力—ニュートン式に基づく万有引力定数相当の$Z = 4.40788 \times 10^{-40}$、そして電気中性条件を与える電荷としては$Z = 1$ を J 粒子太陽に適用できることが示された。

第14章 中性子崩壊に伴うJ粒子の生成

中性子(n) の崩壊を4章で考察した。中性子からの陽子 (p)、電子 (e^-)、反中性微子($\bar{\nu}$)、及び反応熱 (ΔH_1) の生成を改めて、(14-1)式に示す。

$$\mathrm{n} \longrightarrow \mathrm{p} + \mathrm{e}^- + \bar{\nu} + \Delta H_1\ (0.783\ \mathrm{MeV}) \qquad (14\text{-}1)$$

この(14-1)式の反応とJ粒子の生成には、以下に説明するが、密接な関係が認められる。議論を簡単にするために、(14-1)式の$\bar{\nu}$とΔH_1をアインシュタインによる質量—エネルギー変換式 ($\Delta E = \Delta mc^2$)を用いて、質量に換算して考察する。

n, p, e^- の質量はそれぞれ、$m(n) = 1.67492 \times\ 10^{-27}\ kg, m(p) = 1.67262 \times\ 10^{-27}\ kg, m(e) = 9.10938 \times\ 10^{-31}\ kg$である。$\Delta H_1$は中性子1個の反応について$1.25450\ \times\ 10^{-13}\ J$であり、質量に換算すると$m(\Delta H_1) = 1.39582 \times\ 10^{-30}\ kg$である。(14-1)式の両辺の質量は等しく、上記の既存の質量より、$\bar{\nu}$ について$m(\bar{\nu}) = -1.18796\ \times\ 10^{-33}\ kg$と計算される。マイナスの値は計算上の有効数字の誤差の可能性もあるが、ここでは(14-1)式の$\bar{\nu}$が吸熱項に対応していると解釈して考察を進める。+1の電荷の陽子と電荷+Z (0<Z<1)のJ粒子は、(14-2)式で関係づけられる。

$$p \longrightarrow J(Z) + charge\ (1 - Z) \qquad (14\text{-}2)$$

すなわちpから$(1 - Z)$の電荷がはずれるとJ粒子に変化し、Zが極めて小さいために中性子と同等な性質を有する。(14-1)式と(14-2)式から(14-3)式が誘導される。

$$n \longrightarrow J(Z) + e^{-} + \bar{\nu} + \Delta H_1 + \mathrm{char}ge\ (1 - Z) \qquad (14\text{-}3)$$

(14-3)式で示されるJ粒子と電子が量子力学あるいは静電引力—ニュートン式に従い運動する。一方、ΔH_1のエネルギーの一部と(1-Z) の電荷からアインシュタイン式により、質量を有する陽電子(e^+)が生成する。(14-4)式にこの反応を示す。

$$\Delta H_1 + \mathrm{charge}\ (1 - Z) = (1 - Z)e^{+} + \Delta H_2 \qquad (14\text{-}4)$$

(14-3)式と(14-4)式を合計すると、(14-5)式となり、中性子からJ粒子、電子、及び陽電子が生成することがわかる。

$$n \longrightarrow J(Z) + e^{-} + (1 - Z)e^{+} + \bar{\nu} + \Delta H_2 \qquad (14\text{-}5)$$

この反応の電気中性条件は、正電荷の J 粒子と陽電子および負電荷の電子の間で満たされている。万有引力定数に対応する Z は4.40788×10^{-40} と極めて小さい値である。しかし、陽電子数(1-Z)は、電子数1よりわずかに小さくなる。陽電子の電荷が電子の電荷で中和されると、(14-6)式に示すようにZ個の電子が残り、これがJ粒子と相互作用することになる。

$$n \longrightarrow J(Z) + Ze^{-} + \bar{\nu} + \Delta H_2 \qquad (14\text{-}6)$$

陽子と J 粒子、電子と陽電子の質量がそれぞれ等しく、そして(1-Z)値を 1 に近似すると、ΔH_2の換算質量は4.84886×10^{-31} kgと計算される。これは、ΔH_1の換算質量1.39582×10^{-30} kg より小さな値となる。2つのΔHの差 (ΔH_1 - ΔH_2)は9.109376×10^{-31} kgと電子の質量にほとんど等しく、(14-4)式の陽電子の生成エネルギーに用いられる。したがって、中性子の崩壊について、(14-1)式と(14-6)式の2つの反応が可能である。前者は原子系での反応であり、後者が宇宙系の反応と言える。

J 粒子の生成については、別途、(12-6)式の可能性も提示した。この場合には、J 粒子は反粒子の生成と密接な関係にあり、本章と同様に陽電子の生成を伴うことになる。(14-6)式と同様に考えると、反中性子の崩壊反応は(14-7)式で示される。

$$\bar{n} \longrightarrow \bar{J}(Z) + Ze^{+} + \nu + \Delta H_2 \tag{14-7}$$

(14-6)式と(14-7)式の和は(14-8)式で示され、この式が(12-6)式に対応する。

$$E = 2hf(neutron) = n + \bar{n} = J(Z) + Ze^{-} + \bar{J}(Z) + Ze^{+} + 2\Delta H_2 \tag{14-8}$$

(14-8)式は電気中性の条件を満たし、(12-6)式は J 粒子と生成する多電子の中の 1 個の電子との関係を示している。したがって、12 章と 14 章での J 粒子の生成機構に矛盾は認められない。

あとがき

宇宙の創生と成長を物理化学的に理解するために、原点に立ち戻り、物理世界で重要な 4 つの力について考えてみた。なかなか一般の大学教科書には、それらの相関関係は詳しくは書かれていない。思考は楽しかった。何とかそれらの 4 つの力の関係を理解できたように思われる。さらに、水素とヘリウム原子についてのシュレーディンガー方程式の解（1 電子系）を深く考察することで、ニュートン力学の重力の世界とミクロな原子系での静電場の世界を量子力学により結びつけることができたように思う。すなわち、物質の質量と電荷の変換式を誘導できた。その結果、宇宙の創生並びに太陽系惑星の構造についての理解が深まった。途中、何度も計算で確認した。本書の内容は正しいと信じている。実験科学者による評価がなされると、この分野の研究がより深化すると期待している。最後に、手書きの原稿をコンピューターで入力して頂いた下之薗太郎博士に謝意を表する。

2022 年 11 月 29 日　平田　好洋

文献

(1) Y. Hirata, Thermal Conduction Model of Metal and Ceramics, Ceram. Inter., 35, 3259-3268 (2009).

(2) C. Kittel, Introduction to Solid State Physics, Sixth edition, John Wiley & Sons, Inc., New York, 1986, pp. 159-163.

(3) D. A. McQuarrie, Quantum Chemistry, University Science Books, Mill Valley, California, 1983, pp. 153-194.

(4) W. J. Moore, Physical Chemistry, 3rd edition, Prentice-Hall, Inc., Englewood Cliffs, N. J., 1962, 藤代亮一訳，新物理化学（下），東京化学同人，東京，1964、pp. 485-548.

(5) 文献(3)の pp. 77-102.

(6) F. J. Bueche, Theory and Problems of College Physics, Seventh edition, McGraw-Hill Book Inc., New York, 1979, pp. 288-296.

(7) 平田好洋、エネルギーから見た宇宙のしくみ、南方新社、鹿児島、2022.

(8) 文献(3)の pp. 195-254.

(9) 文献(3)の pp. 3-45.

(10) J. D. Lee, A New Concise Inorganic Chemistry, Third edition, Van Nostrand Reinhold Co., Ltd., Berkshire, 1977, 浜口博、菅野等訳、リー無機化学、東京化学同人、東京、1982、pp. 469-482.

(11) 文献(4)の pp. 825-862.

(12) 文献(4)の pp. 651-680.

(13) 文献(3)の pp.287-341.

索引

■著者略歴　（2022 年 11 月現在）

平田　好洋　（ひらた　よしひろ）

1953年　鹿児島市に生まれる

1972年　県立鹿児島中央高等学校卒業

1976年　鹿児島大学工学部応用化学科卒業

1978年　鹿児島大学大学院工学研究科修士課程応用化学専攻修了

1981年　九州大学大学院工学研究科博士課程応用化学専攻単位取得満期退学

（1983年工学博士号取得九州大学）

1981年－1987年　鹿児島大学工学部助手

1985年－1987年　ワシントン大学材料科学工学科博士研究員

1987年－1989年　鹿児島大学工学部講師

1989年－1994年　鹿児島大学工学部助教授

1994年－2002年　鹿児島大学工学部教授

2002年－2019年　鹿児島大学大学院理工学研究科教授

2019年　鹿児島大学定年退職。鹿児島大学名誉教授

九州大学非常勤講師

研究内容　ムライトセラミックスの合成、炭化ケイ素セラミックスの合成、高イオン導電性セラミックス、固体酸化物形燃料電池、コロイドプロセッシング、複合材料、バイオガス改質、熱物性

受賞歴

・1997 年日本セラミックス協会第 51 回学術賞

・1998 年米国セラミックス学会第 21 回フルラース賞

・2013 年耐火物技術協会若林論文賞

・2018 年公益社団法人日本セラミックス協会フェロー表彰

・2019 年かぎん文化財団賞

ミクロ原子世界とマクロ宇宙のつながり

発　行　日	2023年3月20日　第1刷発行
著　　　者	平田好洋
発　行　者	向原祥隆
発　行　所	株式会社　南方新社
	〒890-0873　鹿児島市下田町292-1
	電話　099-248-5455
	振替口座　02070-3-27929
	URL　http://www.nanpou.com/
	e-mail　info@nanpou.com

印刷・製本　株式会社プリントパック
乱丁・落丁はお取り替えします
定価はカバーに表示しています
ISBN978-4-86124-490-2 C3044